调酒技术与服务

主　编　殷安全　易小白
副主编　谭　明　田　方　殷开明
参　编　彭丹莉

重庆大学出版社

内容提要

本书主要以初级调酒师须掌握的内容为主线,内容全面、通俗易懂,展现了作为一名初级调酒师应该认识和掌握的相关知识。拓展学生知识和视野,补充学生酒水知识以及课外知识。

本书可作为中等职业学校旅游、酒店专业调酒课程教材。

图书在版编目(CIP)数据

调酒技术与服务 / 殷安全,易小白主编.—重庆:
重庆大学出版社,2014.5(2020.8 重印)
国家中等职业教育改革发展示范学校教材
ISBN 978-7-5624-8198-0

Ⅰ.①调… Ⅱ.①殷… ②易… Ⅲ.①鸡尾酒—配制
—中等专业学校—教材 ②酒吧—商业服务—中等专业学校
—教材 Ⅳ.①TS972.19 ②F719.3

中国版本图书馆 CIP 数据核字(2014)第 093953 号

调酒技术与服务

主 编 殷安全 易小白
策划编辑:杨粮菊
责任编辑:李桂英 版式设计:杨粮菊
责任校对:贾 梅 责任印制:张 策

*

重庆大学出版社出版发行
出版人:饶帮华
社址:重庆市沙坪坝区大学城西路 21 号
邮编:401331
电话:(023)88617190 88617185(中小学)
传真:(023)88617186 88617166
网址:http://www.cqup.com.cn
邮箱:fxk@ cqup.com.cn(营销中心)
全国新华书店经销
重庆巍承印务有限公司印刷

*

开本:787mm×1092mm 1/16 印张:8.5 字数:212 千
2014 年 6 月第 1 版 2020 年 8 月第 3 次印刷
印数:2 101—3 100
ISBN 978-7-5624-8198-0 定价:39.80 元

国家中等职业教育改革发展示范学校
建设系列教材编委会

序　言

加快发展现代职业教育，事关国家全局和民族未来。近年来，涪陵区乘着党和国家大力发展职业教育的春风，认真贯彻重庆市委、市政府《关于大力发展职业技术教育的决定》，按照"面向市场、量质并举、多元发展"的工作思路，推动职业教育随着经济增长方式转变而"动"，跟着产业结构调整升级而"走"，适应社会和市场需求而"变"，学生职业道德、知识技能不断增强，职教服务能力不断提升，着力构建适应发展、彰显特色、辐射周边的职业教育，实现由弱到强、由好到优的嬗变，迈出了建设重庆市职业教育区域中心的坚实步伐。

作为涪陵中职教育排头兵的涪陵区职业教育中心，在中共涪陵区委、区政府的高度重视和各级教育行政主管部门的大力支持下，以昂扬奋进的姿态，主动作为，砥砺奋进，全面推进国家中职教育改革发展示范学校建设，在人才培养模式改革、师资队伍建设、校企合作、工学结合机制建设、管理制度创新、信息化建设等方面大胆探索实践，着力促进知识传授与生产实践的紧密衔接，取得了显著成效，毕业生就业率保持在97%以上，参加重庆市、国家中职技能大赛屡创佳绩，成为全区中等职业学校改革创新、提高质量和办出特色的示范，成为区域产业建设、改善民生的重要力量。

为了构建体现专业特色的课程体系，打造精品课程和教材，涪陵区职业教育中心对创建国家中职教育改革发展示范学校的实践成果进行总结梳理，并在重庆大学出版社等单位的支持帮助下，将成果汇编成册，结集出版。此举既是学校创建成果的总结和展示，又是对该校教研教改成效和校园文化的提炼与传承。这些成果云水相关、相映生辉，在客观记录涪陵职教中心干部职工献身职教奋斗历程的同时，也必将成为涪陵区职业教育内涵发展的一个亮点。因此，无论是对该校还是对涪陵职业教育，都具有十分重要的意义。

党的十八大提出"加快发展现代职业教育"，赋予了职业教育改革发展新的目标和内涵。最近，国务院召开常务会，部署了加快发展现代职业教育的任务措施。今后，我们必须坚持以面向市场、面向就业、面向社会为目标，整合资源、优化结构，高端引领、多元办学，内涵发展、提升质量，努力构建开放灵活、发展协调、特色鲜明的现代职业教育，更好适应地方经济社会发展对技能人才和高素质劳动者的迫切需要。

衷心希望涪陵区职业教育中心抓住国家中职示范学校建设契机,以提升质量为重点,以促进就业为导向,以服务发展为宗旨,努力创建库区领先、重庆一流、全国知名的中等职业学校。

是为序。

项显文

2014 年 2 月

前 言

近年来,人们的生活方式日趋改变。因为生活节奏加快,人们开始习惯去酒吧放松,寻找乐趣。强劲的需求推动了酒吧产业的蓬勃发展。优美的音乐、梦幻般的灯火、摇曳的烛光和调酒师精心的调制与曼妙的表演,为顾客平添了一份温馨和浪漫。人们在这里寻找到了物质与精神的双重享受,得到了心灵的自由和抚慰。酒吧——雅俗共赏的场所,消费者不仅仅是来品味酒质,更想通过调酒师精心调制的酒去感受酒的情感和思想。调酒是技术与艺术的结晶,是一项专业性很强的工作。在迷人的灯光下,调酒师娴熟的调酒表演总是引来一次又一次的喝彩。他们将自己的专业知识、文化内涵、思想情感融为一体,从而达到酒的色、香、味、型、格、神、情、爱、温、湿、光、音等的炉火纯青。

随着酒吧产业的大力发展,调酒师职业也成为一个热门的职业。社会对调酒师职业的需求大量上升,丰厚的薪酬也吸引了许多热爱调酒事业的学子。因此,许多中等职业学校将调酒课程纳入重点课程,本书就是在这种背景下应运而成的。

作为中等职业学校旅游、酒店专业调酒课程教材,本书有以下特点:

1. 全面、易懂

本书内容主要以初级调酒师须掌握的内容为主线,内容全面、通俗易懂,展现了作为一名初级调酒师应该认识和掌握的相关知识。拓展学生知识和视野,补充学生酒水知识以及课外知识。

2. 专业、实用

本书一共分为6个项目,18个任务。以大量的实践操作作为工作任务,引领学生认识调酒工具,了解调酒方法,掌握鸡尾酒调制配方,掌握酒吧服务英语用语,引导学生亲自动手调制鸡尾酒,提升学生调酒专业能力,充分体现了在"学中做、做中学"的教学思想。

3. 新奇、拓展

本书有大量有关酒水的课外知识,丰富学生的知识面。同时本书附有全国调酒技能大赛参赛比赛规程和评分标准。对热爱调酒的学生有很大的帮助。

本书教学学时为80学时,建议安排学时如下:

项目一　岗前培训(2学时)

实训任务1:岗前指导(1学时)

实训任务2:仪容仪态及礼仪规范(1学时)

项目二 调酒工具、计量与方法(6学时)

实训任务1:调酒工具的识别和使用(2学时)

实训任务2:调酒计量和调酒方法的训练(4学时)

项目三 调酒的载杯和装饰(6学时)

实训任务1:认识调酒载杯(2学时)

实训任务2:装饰物的选择和制作(4学时)

项目四 认识调酒主料(12学时)

实训任务1:认识金酒(2学时)

实训任务2:认识特其拉酒(2学时)

实训任务3:认识伏特加酒(2学时)

实训任务4:认识朗姆酒(2学时)

实训任务5:认识威士忌(2学时)

实训任务6:认识白兰地(2学时)

项目五 认识调酒辅料(12学时)

实训任务1:认识利口酒(3学时)

实训任务2:认识开胃酒(3学时)

实训任务3:认识甜食酒(3学时)

实训任务4:认识果汁、碳酸饮料与配料(3学时)

项目六 鸡尾酒的调制(42学时)

实训任务1:鸡尾酒的调制程序(2学时)

实训任务2:鸡尾酒调制训练(40学时)

本书由重庆市涪陵区职业教育中心殷安全、易小白任主编;重庆市涪陵区职业教育中心谭明、田方,重庆城市管理职业学院殷开明任副主编;重庆市涪陵区职业教育中心彭丹莉参与了编写。

本书在编写过程中,参阅了大量的专著和资料,在此对被参阅的专著和资料的作者表示诚挚的谢意!同时得到了重庆市涪陵区职业教育中心的领导和同志们的大力支持和帮助,这里一并致谢!

由于编写时间仓促,加上水平所限,疏漏和不足之处在所难免,恳请读者不吝指正。

编 者

2014年2月

目 录

项目一

岗前培训

项目一

项目导语

随着我国经济社会的发展和人们需求水平的提高,酒吧已然成为人们娱乐、休闲的重要场所。酒吧满足了人们的需求,丰富了人们的文化生活,调酒也逐渐成为一门时髦、热门的职业。调酒师到底是怎样工作的,他(她)需要具备哪些技能和素质呢?

项目任务

通过岗前培训,学生能清楚认识调酒师职业,掌握调酒师应该具备的素质;通过仪容仪表,礼仪规范的训练,让学生能够根据调酒职业要求装束自我,同时能够按调酒师礼仪规范为客人服务。

核心技能

修饰仪容仪表　掌握站、蹲、走、坐姿

实训任务 1

岗前指导

(一)认识调酒师职业

酒吧,英语为 bar。调酒师是指在酒吧、星级酒店、私人会所或餐厅从事配制酒水、销售酒水,并让客人领略酒的文化及风情的人员。调酒师英语为 bartender 或 barman。酒吧调酒师的工作任务包括:酒吧清洁、酒吧摆设、调制酒水、酒水补充、应酬客人和日常管理等。目前最为常见的调酒师可分为英式标准调酒师和花式调酒师。

(二)调酒师应该具备的基本素质

每一款鸡尾酒都是由一种基酒搭配不同的辅料构成,酒和不同的辅料会产生什么样的物理化学效应,从而产生什么样的味觉差异,都是作为一名调酒师要掌握的。各种酒的产地、物理特点、口感特性、制作工艺、品名以及饮用方法,也是一名调酒师应掌握的。

同时,高级调酒师还要能够鉴定出酒的质量、年份等。此外,客人吃不同的甜品时需要搭配什么样的酒,也需要调酒师给出合理的推荐。这些都是调酒师应该具备的基本素质。

1. 掌握调酒技巧

不论是英式调酒还是花式调酒,会正确使用调酒用具,熟练掌握调酒程序都是一个调酒师必备的素质。同时,一个调酒师的动作、姿势,都会影响到酒水的质量和口感。

2. 了解酒文化

一种酒代表了酒产地居民的生活习俗。不同地方的客人有不同的饮食风俗、宗教信仰和习惯等。了解了酒的文化可以更好地为客人服务。

3. 良好的职业形象

调酒师作为酒吧主要的形象代表,在形象、气质上也有一定要求。调酒师一定要有得体的服饰,健康的仪表,高雅的风度,亲善的表情,良好的沟通,平和的心态,这样才能与客人更贴近。

4. 良好的外语知识

酒吧一般使用的都是国外的酒水,因此良好的外语有助于调酒师更快、更准地找到最适配的酒水。因为即使是同一种类的酒,其产地不同,调制出来的鸡尾酒口感都会大相径庭。同时酒吧外国游客较多,如果没有良好的外语知识,无法与客人进行正常交流与沟通,就无法为客人更好地服务。

(三)调酒师职业的等级划分

1. 助理调酒师

具备以下条件之一者可申报初级职业资格:

①具有高中及以上学历,连续从事调酒工作 1 年以上,经助理调酒师正规培训达到规定标准学时。

②具有中专及以上学历,经助理调酒师正规培训达到规定标准学时。

2. 调酒师

具备以下条件之一者可申报中级职业资格:

①取得助理调酒师职业资格证书,连续从事调酒工作 1 年以上,经调酒师正规培训达到规定标准学时。

②具有中专及以上学历,连续从事调酒工作 1 年以上,经调酒师正规培训达到规定标准学时。

③具有大专及以上学历,经调酒师正规培训达到规定标准学时。

3. 高级调酒师

具备以下条件之一者可申报高级职业资格:

①取得调酒师职业资格证书,连续从事调酒工作 2 年以上,经高级调酒师正规培训

达到标准学时。

②具有大专及以上学历,连续从事调酒工作 2 年以上,经高级调酒师正规培训达到规定标准学时。

③具有本科及以上学历,连续从事调酒工作 1 年以上,经高级调酒师正规培训达到规定标准学时。

4.调酒师技师

具备以下条件之一者可申报调酒师技师职业资格:

①取得本职业高级职业资格证书后,连续从事本专业工作 2 年或 2 年以上的。

②高级技工学校或高等职业院校本职业(专业)毕业生,取得本职业高级职业资格证书,连续从事本职业工作满 2 年以上的。

③持有中级职业资格证书,从事生产一线本职业工作 1 年以上入读技师学院或高等职业学院(学制 3 年)的毕(结)业生。

④连续从事本职业工作 8 年以上,取得高级职业资格证书,经本职业技师正规培训达到规定标准学时数,并取得毕(结)业证书的。

⑤取得本专业或相关专业助理级专业技术职称资格,从事本职业 2 年以上的(含 2 年)。

⑥取得本专业中级专业技术职称资格,现从事本职业工作的人员。

⑦参加以高级职业标准设置的国际级技能竞赛前 5 名获奖者;国家级一类技能竞赛前 20 名、二类技能竞赛前 10 名获奖者;省级一类技能竞赛前 8 名、二类技能竞赛前 5 名获奖者;地级市技能竞赛前 3 名获奖者。

⑧有本专业(职业)发明、创造并获得国家专利者。

⑨技术革新项目年创经济效益 10 万元以上,并获省技术革新三等奖、地级以上市技术革新二等奖以上者。

5.调酒师高级技师

具备以下条件之一者可申报调酒师高级技师职业资格:

①取得本职业技师职业资格证书后,连续从事本职业工作 2 年以上者(含 2 年)。

②取得本职业或相关专业中级专业技术职称资格,从事本职业 1 年以上(含 1 年)且经本职业高级技师正规培训达规定标准学时数,并取得毕(结)业证书。

③取得本专业高级专业技术职称资格,现从事本职业工作的人员。

中职学生按照要求在学校期间可以考取助理调酒师资格证书。考取后,经过 1 年的时间,符合中级调酒师考取资格的,就可以报考中级调酒师。

实训任务 2
仪容仪态及礼仪规范

（一）调酒师仪容仪表要求

仪容仪表包括人的容貌、身材、姿态、修饰、服饰等。作为一名优秀的酒吧调酒师,好的仪容仪表是一项必备素质。因为好的仪容仪表会产生形象魅力,使人产生愉悦感,具有吸引力,从而赢得对方的好感。在酒吧服务中,调酒师与客人之间进行面对面的交流,了解客人需求,其仪容仪表会给客人留下深刻的第一印象。所以,调酒师在仪容仪表方面应作出严格的要求。

1. 面部

调酒师的面部修饰以恬静素雅为主。男性服务人员不能留胡须或是大鬓角。口腔不能有异味,不要用气味浓烈的香水。在为客人调酒时,面部表情要平和放松,面带微笑。

2. 发型

调酒师首先要做到头发整洁、无异味,不能染发、烫发。男性调酒师的头发要做到"三不",即前不及眉,侧不遮耳,后不及领,多以短发为主。女性调酒师的发型应清新、自然,最好做盘发处理,避免长发影响调酒操作。

3. 手部

作为调酒师,拥有一双灵巧的手是非常有必要的,并应随时保持清洁、干净。指甲需经常修剪,不留长指甲,不涂有色指甲油,不能佩戴饰品,唯一可佩戴的是结婚戒指。

4. 着装

作为调酒师,着装是非常重要的。要求调酒师服装干净、整洁,通常来说不能着奇装异服,一些特色主题酒吧除外。上岗前要细心反复检查制服上是否有酒渍、油渍、酒味,扣子是否有漏缝和破边。男性调酒师一般以衬衣套马甲加领带或领结为主,也可着衬衣打领带或领结。一些较为休闲的酒吧还可以穿着较为得体的 T 恤。女性调酒师的着装可与男性调酒师的着装一致,但不可以穿 T 恤,不能穿戴多余装饰物品,皮鞋擦得干净、光亮,无破损。男性调酒师袜子的颜色应跟鞋子的颜色和谐,以黑色最为普遍。女性调酒师应穿与肤色相近的丝袜,袜口不要露在裤子或裙子外边。工号牌端正地佩戴在左胸上方。

（二）调酒师仪态的基本要求

正确的站姿、坐姿、走姿是调酒师提供良好服务的重要基础,也是使客人在品酒的同时得到感观享受的重要方面,同时也是调酒师个人素质的体现。因此,保持良好的仪态显得非常重要。

1. 站姿

调酒师站立时应精神饱满,身体有向上之感,能体现调酒师的整体美感,给客人带来美的感受。女性调酒师站立时,双脚呈"V"字形,两脚尖开度为50°左右,膝和脚后跟要靠紧。男性调酒师双脚叉开的宽度窄于双肩,双手可交叉放在背后。

2. 坐姿

为客人调酒是调酒师的主要工作,如果坐姿不正确会显得很失礼,因此良好的坐姿也很重要。平时双手不操作时可平放于操作台上,坐于吧凳上,静待客人点取酒水。给人以大方、自然、端庄、亲切的感觉。

3. 走姿

调酒师在工作时经常处于行走的状态中,特别是在为客人递送所点酒水时,一定要有良好的行走姿势,否则不但出品服务会大打折扣,而且易洒落客人所点酒水。因此正确的坐姿也很重要。

4. 适当的手势

在酒吧做接待工作时,手势运用要规范适度。与客人谈话时,手势不宜过多,动作不宜过大。正确要领:手指自然并拢,掌心向上,以肘关节为支点,指示目标,切忌伸出食指来指点。

知识拓展

世界上最好的酒吧前十排行榜

酒吧的原形可以追溯到美国西部,牛仔和强盗骑马到小酒馆里喝酒,将马栓在门口的横木上,直到后来汽车取代了马,象征酒馆的横木却被保留下来,而横木在英文中又被称作"bar",也就是今天的酒吧。酒吧和咖啡馆都是很好的社交场所,主要基于典雅别致的装修风格以及得体美观的设备摆放,优美的音乐和优质的美酒给人们的交流带来无比乐趣。精致的装修,颇具艺术感的灯光,再点一杯鸡尾酒,伴随着夜幕降临,酒吧里的夜生活才刚刚开始。

第一名:Artesian at the Langham Hotel

地址:Langham Hotel,London

特点:英国乃至世界上最好的酒吧。

简介:Artesian 装潢时尚、华丽,将东方色彩融入到怀旧、浪漫的氛围中,加上处处洋溢着潮流的气息,打造出令人耳目一新的风格。酒吧供应各式鸡尾酒和朗姆酒,其中特别调制的朗姆酒更是不容错过的杯中佳酿。

第二名：PDT，New York

地址：113 St Marks Place，New York

特点：北美洲最好的酒吧。

简介：设计独特，处处给人留下深刻的印象。酒吧入口的设计匠心独运，穿过隐形的墙，再从公用电话亭进入 Crif Dogs（热狗店）。内墙上装饰着动物的标本，无修饰的砖墙，黑木天花板，闪烁的灯光，昏暗的光线，恰到好处的音乐，酒吧的整体格调会让你感觉非常舒服。

酒吧的拥有者 Jim Meehan（曾拥有 Gramercy Tavern and Pegu Club），曾经写过一本调制鸡尾酒的书，店里很多鸡尾酒都是由他开创的。酒吧的鸡尾酒非常杰出，吸引很多酒吧纷纷效仿。

第三名：Night jar，London

地址：伦敦东部

特点：时尚中有点调皮。

简介：这家酒吧在伦敦东部的地下，Nightjar 这个名字意为"欧夜鹰"。这里有世界上最好的音乐，最好的鸡尾酒。现场的演奏风格，与禁酒令时代和店内古老的装饰非常契合。整体装潢引人注目，时尚中又有点调皮。

第四名：Connaught Bar，London

地址：Connaught Hotel，Carlos Place，London

特点：经典与现代的完美结合。

简介：这间酒吧位于著名的康诺酒店内，酒吧原先的建筑风格是爱德华式，后经著名设计师 David Collins 以 21 世纪风格将其重新演绎。酒吧的鸡尾酒，同样也是经典风味与现代创意的完美结合。

第五名：American Bar at the Savoy Hotel，London

地址：The Savoy，The Strand，London

特点：世界一流的调酒师。

简介：这家酒吧在伦敦一家著名的酒店里，酒吧的首席调酒师 Erik Lorincz，一直保有世界一流调酒师的称号。这家酒吧代表着伦敦鸡尾酒的历史。Harry Craddock，是一位值得尊敬的调酒师，也是第一本 Savoy Cocktail 的作者。他代表着侍酒师的灵魂，创造了一系列经典的鸡尾酒。最近，酒吧重新进行了装修，不过依然延续着传统的风格。

第六名：Death & Co，New York

地址：433 East 6th Street，New York

特点：适合正派人士，服务专业。

简介：这里是酒徒的避难所，如果你推开那扇门，等待你的将是严肃的鸡尾酒。在这里，你能得到最专业的服务，酒吧的每一位员工都对酒水非常了解，所以这里总是能吸引着很多正派的顾客。

第七名：Baxter Inn，Sydney

地址：152-156 Clarence Street，Sydney

特点：亚太地区排名第一。

简介：伴随着特许经营法律的推行，悉尼发展成为最令人惊喜的新兴饮酒城市。Baxter Inn 也成为亚太地区最好的酒吧。这家酒吧由 Jason Scott and Anton Forte 创建，他们也是 Shady Pines Saloon 的拥有者，这家酒吧位于悉尼高档的商业中心区，店里的鸡尾酒非常值得一试。

第八名：69 Colebrooke Row，London

地址：69 Colebrooke Row，London

特点：设计时尚，舒适惬意。

简介：这是一家设计时尚的酒吧，其舒适惬意的环境有点类似英国的咖啡馆。酒吧的主人 Tony Conigliaro，坚持为顾客提供高品质的鸡尾酒。在他坚持不懈地努力下，调试出的多款鸡尾酒都很受欢迎。

第九名：Callooh Callay，London

地址：65 Rivington Street，London

特点：经典又创新的鸡尾酒。

简介：酒吧曾获得过"世界上最好的鸡尾酒单"的荣誉。老式的菜单，给了 Shoreditch（东伦敦新兴文艺区）现代而创造性的冲击。酒吧的风格结合了经典和创新，既不呆板沉闷，又不相互冲突。店里的鸡尾酒更是一试难忘。

第十名：Bramble，Edinburgh

地址：16A Queen Street，Edinburgh

特点：热闹的社交场所。

简介：爱丁堡的魅力在这里得到了完美的体现，酒吧不仅提供令人赞叹的鸡尾酒，同时也是一个热闹的社交场所。在这里，你不知道夜晚什么时候会结束？一直以来，这里都是公认的世界上最好的酒吧之一。这间酒吧的门头并不显著，它位于皇后街（Queen Street）的地下。店内装潢也非常低调，不过十分热闹，是一个寻求欢乐的地方。店里播放着 Hip-hop 音乐，非常适合喜欢社交活动的年轻人。

实训活动

1. 按本节课所讲的基本要求进行自我检查，并将检查结果填到表内。（请将不合格内容填于备注栏内）

检查内容	合 格	不合格	备 注
面部			
发型			
手部			

2.随机分组并自命小组名进行各种服务仪态的练习,再以情境再现的方式进行成果展示、评比。请将你的真实感受填到下面的表格中。

小组名	站姿展示	坐姿展示	走姿展示

调酒工具、计量与方法

项目导语

　　调酒为人们提供了视觉、嗅觉、味觉和精神等方面的享受。调酒是一门技术,也是一门艺术。它是技术与艺术的结晶,是一项专业性很强的工作。作为一名调酒师,就是要用正确的方法、正确的工具、标准的配方调制出一杯杯令人心仪的、完美的鸡尾酒。

项目任务

　　通过调酒工具的介绍,学生能识别不同的调酒工具,并掌握不同调酒工具的使用方法;通过鸡尾酒计量与调制方法的学习,让学生掌握调制鸡尾酒的各种材料的计量方法和鸡尾酒的四大调制方法。

核心技能

　　调酒工具的使用　调酒计量的核算　调酒方法

实训任务 1

调酒工具的识别和使用

(一)摇酒器(又称摇酒壶)(Shaker)

1. 普通摇酒器(Standard Shaker)

　　普通摇酒器用不锈钢制成,由壶身、过滤器、壶盖三部分组成,型号有大、中、小三种,此种调酒壶主要用于绅士法调制鸡尾酒,故也称绅士调酒壶。(图2.1)

　　普通摇酒器的使用方法:双手使用,右手大拇指按住顶盖,用中指和无名指夹住摇酒壶,食指按住壶身。再用左手中指、无名指按住壶底,食指和小拇指夹住摇酒壶,大拇指压过过滤盖。习惯用左手的人在握壶时正好相反。要注意手掌不要和摇酒壶贴得太紧,以免热量传递使冰块溶化得太快。单手使用:食指按住壶盖,拇指和其余三指捏住壶身,手心不能触碰壶身,以手臂方向为轴使摇酒器发生左右摇动,同时需上下摇动;不论是单手还是双手,摇动时间到接触摇酒壶的指尖发冷,壶身表面出现白霜的时候就足够了。

图 2.1　摇酒器

2. 波士顿摇酒器(Boston Shaker)

波士顿摇酒器为两件式,一方为玻璃摇酒杯,一方为不锈钢摇酒杯,使用时两座一合即可。此种设计便于调酒表演,可直接通过玻璃杯看到酒液混合的过程,比小、中型绅士调酒壶容量大,且一般只有一种型号,用于花式法调制鸡尾酒,故也称花式调酒壶。

波士顿摇酒器的使用方法:适合双手使用,下方为玻璃摇酒杯,上方为不锈钢上座,使用时两座一合即可。上下摇动,玻璃摇酒杯在下,摇动时间到接触摇酒壶的指尖发冷,壶身表面出现白霜的时候就足够了。(图 2.2)

图 2.2　波士顿摇酒器

(二)量酒器(Jigger)

量酒器由不锈钢制成,形状为窄端相连的两个漏斗型用具,容量一大一小,虽然相互连接却互不相通。每个量酒器两头均可使用,有½ oz—1 oz、1 oz—1½ oz、1½ oz—2 oz三种组合,主要是为了满足调酒师制作鸡尾酒时准确用料的要求。(图 2.3)

量酒器的使用方法:用左手中指、食指和无名指夹起量杯。注意手指向外,中指在外。用这样的方法拿住量酒器时,调酒师的两手还能做别的动作(如取瓶塞、盖瓶盖等),并保证鸡尾酒调制动作流畅,充满美感。

图 2.3　量酒器

(三)吧匙(Bar spoon)

吧匙由不锈钢制成,吧匙一端为匙,另一端为叉,中间部位呈螺旋状,有大、中、小三个型号,它通常用于制作分层鸡尾酒,以及一些需要用搅拌法制作的鸡尾酒和取放装饰物时使用。(图 2.4)

图 2.4　吧匙

吧匙的使用:握住吧匙的螺旋状部分进行搅动。用惯用的那只手的中指和无名指夹住吧匙的螺旋状部分,用拇指和食指握住吧匙的上部。搅动时,用拇指和中指轻轻地扶住吧匙,以免吧匙倾倒,用中指指腹和无名指背部按顺时针方向转动吧匙。向调酒杯里放入吧匙或取出吧匙的时候,应使吧匙背面朝上;搅拌的时候,应保持吧匙背面朝着调酒杯外侧,以免吧匙碰着冰块。搅动的次数以 7~8 次为标准,这时还应注意手腕处子母扣的节奏。搅动结束后,使吧匙背面朝上轻轻取出来。

(四)鸡尾酒签(Cocktail pick)

鸡尾酒签是由塑料或不锈钢制成的细短签,颜色、款式可随意定制。五颜六色的鸡尾酒签在用来穿插鸡尾酒装饰物的同时,也给鸡尾酒添色不少。根据鸡尾酒签的质地,经营者可自行决定是否把它作为一次性用品。(图 2.5)

图 2.5　鸡尾酒签

（五）吸管（Straw）

吸管用塑料制成,单色或多色可随意定制,除客人用于喝饮料外,还起到了一定的装饰作用,为一次性低值易耗品。（图 2.6）

图 2.6　吸管

（六）杯垫（Coaster）

杯垫可选用硬纸、硬塑料、胶皮、布等材料制成,有圆形、方形、三角形等多种形状。除垫杯子、吸水之用以外还有宣传之用,各酒水厂商或酒吧可将自己的标识图案印刷于上,能在客人整个饮用的过程当中不停地起到宣传作用,以便加深客人的印象,一般可重复多次使用。（图 2.7）

图 2.7　杯垫

（七）开瓶器（Can opener）

开瓶器由不锈钢制成,造型、颜色多种多样。通常一端为扁形钢片,一端为漏空钢圆,用于开启听装饮料和瓶装啤酒。(图2.8)

图2.8　开瓶器

（八）酒钻（Corkscrew）

酒钻由不锈钢制成,由小刀、螺旋状钢钻、杠杆器组成,用于开启佐餐葡萄酒。(图2.9)

图2.9　酒钻

（九）调酒杯（Mixing glass）

调酒杯由玻璃制成,杯壁较厚,杯身较大,成本较高,较容易破损,用于调制混合鸡尾酒。(图2.10)

图2.10　调酒杯

（十）滤冰器（Strainer）

滤冰器由不锈钢制成,器具呈扁平状,上面均匀排列着滤水孔,边缘围有弹簧。它主要用于在制作鸡尾酒时截留住冰块,通常与调酒杯配合使用。（图2.11）

图 2.11　滤冰器

（十一）冰夹（Ice Tong）

冰夹由不锈钢或塑料制成,夹冰部位呈齿状,有利于冰块的夹取。冰夹除夹冰块外,也可夹取水果。（图2.12）

图 2.12　冰夹

（十二）冰桶（Ice Bucket）

冰桶由不锈钢或玻璃制成,桶口边缘有两个对称把手,由不锈钢制成的冰桶多呈原色和镀金色两种。主要用于放冰块、温烫米酒和中国白酒。玻璃制成的冰桶体积较小,用于盛放少量冰块,满足客人不断加冰的需要。（图2.13）

图 2.13　冰桶

（十三）冰铲（Ice Container）

冰铲由不锈钢和塑料两种制成,用于盛铲冰块。（图2.14）

图 2.14　冰铲

（十四）葡萄酒冰桶（Wine Ice Bucket）

葡萄酒冰桶由不锈钢制成,由桶和桶架两部分组成,桶身较大,主要用于冰镇白葡萄酒、玫瑰红葡萄酒、香槟酒和汽酒,配上桶架置于客人桌旁,确保酒液的温度始终保持在一定水平。（图 2.15）

图 2.15　葡萄酒冰桶

（十五）砧板（Cutting Board）

砧板由有机塑料制成,用于制作果盘和鸡尾酒装饰物时使用。（图 2.16）

图 2.16　砧板

（十六）酒吧刀（Bar Knife）

酒吧刀一般由不锈钢制作,体积小。酒吧常用的酒吧刀刀口锋利,这主要是为了提高制作装饰物的速度和美观度。（图 2.17）

图 2.17　酒吧刀

（十七）酒嘴（Pour spot）

酒嘴有不锈钢和塑料两种,出酒口向外插入瓶口即可使用。酒嘴是专门为花式调酒设计的,目的是使调酒表演更加连贯、顺畅。英文名称可以叫"Measure"。(图2.18)

图2.18　酒嘴

（十八）香槟塞（Champagne bottle shutter）

常见的香槟塞有不锈钢和塑料两种。由于大多数香槟容量较大,且价格相对较贵,所以为便于打开后剩余酒液的储存,设计了此类瓶塞,解决了原装塞打开后不能插回的问题。(图2.19)

图2.19　香槟塞

（十九）柠檬压榨器（Lemon Squeezer）

柠檬压榨器由不锈钢制成,形状与橙子榨汁器上端圆锥型钻头相似。有很多鸡尾酒都需要新鲜的柠檬汁做原料,单一的瓶装柠檬汁已不能满足要求,所以发明了柠檬压榨器。(图2.20)

图2.20　柠檬压榨器

（二十）宾治盆（Punch bowl）

宾治盆有玻璃和不锈钢两种,它是用来调治和盛放量大的混合饮料的,宾治盆容量有大有小,一般还配有宾治杯和勺。(图2.21)

图 2.21 宾治盆

（二十一）漏斗（funnel）

漏斗是用来将酒液或饮料从一个容器倒入另一个容器时的工具，为的是快捷、准确、无浪费。为了保证酒气味及口味的纯正，酒吧用漏斗多使用不锈钢质地。（图 2.22）

图 2.22 漏斗

（二十二）口布（Towel）

口布是用来擦拭杯子的清洁用布，以吸水性强的棉质材料为佳。（图 2.23）

图 2.23 口布

（二十三）酒吧垫（Bar Mats）

酒吧垫是操作台用的，用于放杯子或调酒用具等。吧垫上面有小格，由于刚洗过的杯子还有水，如果直接放在吧台上会有水渍，所以放在吧垫上，吧垫上的小格子会保存一定的水，就不会弄得哪里都是水。（图 2.24）

图 2.24 酒吧垫

（二十四）水果压榨器（Fruit Squeezer）

水果压榨器是专门用来压榨汁液丰富的柑橘、柳橙、西瓜、番茄等水果的。（图2.25）

图2.25　水果压榨器

实训任务 2

调酒计量和调酒方法的训练

（一）调酒的计量

1 ounce(oz)≈28 mL	1 美液盎司约等于 28 mL
1 tsp(bsp)= 1/8 oz	1 茶匙(吧匙)等于 1/8 美液盎司
1 tbsp=3/8 oz	1 餐匙等于 3/8 美液盎司
1 jigger=1.5 oz	1 吉格等于 1.5 美液盎司
1 split=6 oz	1 司普力等于 6 美液盎司
1 miniature=2 oz	1 明尼托等于 2 美液盎司
1 pint=16 oz	1 美液品脱等于 16 美液盎司
1 quart=32 oz	1 美液夸脱等于 32 美液盎司
1 gallon=128 oz	1 美加仑等于 128 美液盎司
1 imperial quart=38.4 oz	1 大夸脱等于 38.4 美液盎司
1 drop≈0.1～0.2 mL	1 滴约等于 0.1～0.2 mL
1 dash≈0.6 mL	1 点大约为 3～6 滴

（二）调酒的计法

1. 摇荡法（shake）

摇荡法是调制鸡尾酒最普遍而简易的方法，将酒类材料及配料冰块等放入雪克壶内，用劲儿来回摇动，使其充分混合即可，能去除酒的辛辣，使酒温和且入口顺畅。鸡尾酒"粉红佳人（Pink Lady）"就是该类调酒方法的典型代表。（图2.26）

图 2.26 鸡尾酒"粉红佳人"

调制鸡尾酒要诀:摇荡时速度要快并有节奏感,摇荡的声音才会好听。

①使用摇荡法需准备的基本器材:雪克壶、夹冰器、冰块。

②将材料以量杯量出正确份量后,倒入打开的雪克壶中。

③以夹冰器夹取冰块,放入雪克壶中。

④盖好雪克壶后,以右手大拇指抵住上盖,食指及小指夹住雪克壶,中指及无名指支持雪克壶。

⑤左手无名中指托住雪克壶,底部食指及小指夹住雪克壶,大拇指压住过滤盖。

⑥双手握紧雪克壶,手背抬高至肩膀,再用手腕来回甩动。摇荡时速度要快,来回甩动约 10 次,再以水平方式前后来回摇动约 10 次即可。

2. 搅拌法(stir)

搅拌法是将材料倒入调酒杯中,用调酒匙充分搅拌的一种调酒法,常用在调制烈性加味酒时,如马丁尼、曼哈顿等酒味较辛辣、后劲较强的鸡尾酒。鸡尾酒"曼哈顿(man-hattan)"就是该类调酒方法的典型代表。(图 2.27)

图 2.27 鸡尾酒"曼哈顿"

（1）使用搅拌法需准备的基本器材：调酒杯、调酒匙、量杯、隔冰器、酒杯。

（2）将材料以量杯量出正确份量后，倒入调酒杯中。

（3）以夹冰器夹取冰块，放入调酒杯中。

（4）用调酒匙在调酒杯中前后来回搅三次，再正转二圈、倒转二圈即可。

（5）移开调酒匙后加上隔冰器滤除冰块，再把酒液倒入酒杯内。

3. 直调法（build）

直调法是把材料直接注入酒杯的一种鸡尾酒调制法，做法非常简单，只要材料份量控制好，初学者也可以做得很好！Gin Tonic，Bloody Mary 等著名鸡尾酒都是用这种方法调制的。鸡尾酒"自由古巴（cuba libre）"就是该类调酒方法的典型代表。（图 2.28）

图 2.28　鸡尾酒"自由古巴"

（1）使用直调法需准备的基本器材：鸡尾酒杯、量杯、冰块、夹冰器。

（2）将基酒以量杯量出正确份量后，倒入鸡尾酒杯中。

（3）以夹冰器夹取冰块，放入调酒杯中。

（4）最后倒入其他配料至满杯即可。

4. 电动搅拌法（blender）

电动搅拌法是用果汁机等机器搅拌的方法来取代摇荡法，主要用于水果类等不容易混合的块状材料，是目前最流行的一种调酒方法，混合效果相当好。事先准备细碎冰或刨冰，在果汁机上座倒入材料，然后加入碎冰（刨冰），开动电源混合搅拌，约10 秒左右关掉电源，等电机停止转动时拿下混合杯，把酒液倒入酒杯内即可。鸡尾酒"冰冻玛格丽特（Frozen Margarita）"就是该类调酒方法的典型代表。（图 2.29）

图 2.29　鸡尾酒"冰冻玛格丽特"

（1）使用电动搅拌法需准备的基本器材：果汁机、量杯、冰块、夹冰器。

（2）将酒类以量杯量出正确份量后，倒入果汁机内。

（3）以夹冰器夹冰块，放入果汁机内。

（4）最后倒入其他配料，开动果汁机搅拌均匀即可。

知识拓展

分子调酒

针管、量瓶、干冰、喷枪、制烟机，这些理应存在于物理、化学实验室的工具，出现于调酒师工作的战场——吧台，多少有点匪夷所思。然而就世界著名调酒大师劳伦特·格列柯（Laurent Greco）看来，这些科学研究的工具，却是分子厨艺应用于调酒技术的过程中，最易于展示人前、召唤注意力的小道具。

正如魔术师需要借助高人一等的技巧、特别设计的机关、障眼法，以及自我推销、自我展示的作秀手段一样，真正优秀的调酒师同样也需要上述才能。近日，由巴黎水（Perrier）举办的创意调酒讲座中，劳伦特·格列柯，这位世界排名前三，曾经荣获"法国蓝带骑士奖"的花式调酒大师，用魔术师般的手指，呈现了举座皆惊的"异化"过程：冰块燃烧、液体凝固、蒸汽被吸收、固体瞬间溶化于杯中……

以格列柯最擅长的"鱼子酱"为例，在制作过程中，他先用波士蓝橙力娇酒（Bols Blue）与乳酸钙粉末和俗称"海藻胶"的海藻酸钠粉末混合搅拌，然后手持针管、量瓶和分漏器，轻轻松松挤出一粒粒珠状"鱼子"。随后以装有巴黎水的高脚杯盛出，就变出了一款富有异域风情的橙味 Mojito。

"采用分子料理烹调原理调酒，必然会带来物料形态的改变，'重组'是分子调酒的核心过程。在调酒过程中，我们不得不依赖现代化技术和仪器，让原本有体积感的食物以另外一种形态出现，比如让原本是液态的酒拥有气体的口感从口中散发出去，或者让原本固体的坚果类食物变成可以在口中化开的汁水。'重组'带来的改变不仅仅是外形上，也创造出令人味蕾爆炸的口感。"格列柯如是解释。

实训活动

1. 用摇荡法调制鸡尾酒"粉红佳人"。

2. 用搅拌法调制鸡尾酒"曼哈顿"。

3. 用直调法调制鸡尾酒"自由古巴"。

4. 用电动搅拌法调制鸡尾酒"冰冻玛格丽特"。

项目三
调酒的载杯和装饰

项目导语

　　鸡尾酒的载杯往往是唯一的。由于不同的鸡尾酒有不同的特性,也有不同的效果,因此不同的鸡尾酒只有用不同的杯子来装载才可以有完美的展现! 除了载杯以外,鸡尾酒的装饰也具有唯一性。什么样的鸡尾酒用什么样的装饰物是非常有讲究的。鸡尾酒装饰艺术性强,寓意含蓄,常能起到画龙点睛的作用。

项目任务

　　通过载杯的介绍,学生能识别不同的载杯,并掌握不同载杯的使用范围;通过鸡尾酒装饰物的介绍和现场制作,让学生掌握装饰物制作的基本材料选择和学会常规鸡尾酒装饰物的制作。

核心技能

　　载杯识别　装饰物制作

实训任务 1
认识调酒载杯

(一)海波杯(Highball glass)

　　海波杯平底,直身,圆桶型,常用于盛放软饮料、果汁、鸡尾酒、矿泉水,是酒吧中使用频率最高,必备的杯子。(图 3.1)

图 3.1　海波杯

（二）柯林杯（Collin glass）

柯林杯外形与海波杯大致相同,只杯身略高,多用于盛放混合饮料、鸡尾酒及奶昔。（图 3.2）

图 3.2　柯林杯

（三）烈酒杯（Shot glass）

烈酒杯容量较小,多为 1～2 盎司,盛放净饮烈性酒和鸡尾酒。（图 3.3）

图 3.3　烈酒杯

（四）吉格杯（Jigger glass）

吉格杯多用于烈性酒的纯饮,故又称烈酒纯饮杯。（图3.4）

图3.4　吉格杯

（五）利口酒杯（Liqueur glass）

利口酒杯形状小,盛放净饮利口酒。（图3.5）

图3.5　利口酒杯

（六）甜酒杯（Pony glass）

甜酒杯多用来盛放利口酒和甜点酒。（图3.6）

图3.6　甜酒杯

（七）鸡尾酒杯（Cocktail glass）

鸡尾酒杯形状呈倒三角型,又称马天尼酒杯（Martini Glass）,盛放某些鸡尾酒,比如马天尼鸡尾酒。（图3.7）

图3.7　鸡尾酒杯

（八）酸威士忌酒杯（Sour glass）

酸威士忌酒杯与三角鸡尾酒杯形状相似,杯身较三角鸡尾酒杯深,容量略大,用于盛放酸味鸡尾酒和部分短饮鸡尾酒。（图3.8）

图3.8　酸威士忌酒杯

（九）古典杯（Old fashioned glass）

古典杯厚底、矮身,多用于盛放加冰饮用的烈酒,也称冰杯。（图3.9）

图3.9　古典杯

（十）白兰地杯（Brandy glass）

白兰地杯矮脚、小口，大肚酒杯，只适用于盛放白兰地。（图3.10）

图3.10　白兰地杯

（十一）大号白兰地杯（Brandy snifter）

大号白兰地杯形状与白兰地杯相同，容量稍大，更易于白兰地香气的散发。（图3.11）

图3.11　大号白兰地杯

（十二）郁金香型香槟杯（Champagne tulip glass）

郁金香型香槟杯高脚、杯身瘦长，用于盛放香槟酒。（图3.12）

图3.12　郁金香型香槟杯

(十三)碟型香槟杯(Champagne saucer glass)

碟型香槟杯高脚、浅身、阔口,用于码放香槟塔。(图3.13)

图3.13　碟型香槟杯

(十四)笛型香槟酒杯(Flute glass)

笛型香槟酒杯主要作盛放香槟酒和香槟鸡尾酒之用。(图3.14)

图3.14　笛型香槟酒杯

(十五)红葡萄酒杯(Red wine glass)

红葡萄酒杯高脚、大肚,盛放红葡萄酒。(图3.15)

图3.15　红葡萄酒杯

（十六）白葡萄酒杯（White wine glass）

白葡萄酒杯高脚、大肚,盛放白葡萄酒和玫瑰红葡萄酒,容量比红葡萄酒杯略小。（图 3.16）

图 3.16　白葡萄酒杯

（十七）水杯（Water glass）

水杯与红葡萄酒杯形状相同,容量略大。常用于喝酒之前清口。（图 3.17）

图 3.17　水杯

（十八）调酒杯（Mixing glass）

调酒杯高身、阔口、壁厚,用于调制鸡尾酒。（图 3.18）

图 3.18　调酒杯

（十九）玛格丽特杯（Margarita glass）

玛格丽特杯高脚、阔口、浅型、碟身,专用于盛放玛格丽特鸡尾酒。（图3.19）

图3.19　玛格丽特杯

（二十）果汁杯（Juice glass）

果汁杯与古典杯形状相同,略大,只限于盛放果汁。（图3.20）

图3.20　果汁杯

（二十一）高脚水杯（Goblet glass）

高脚水杯多见于豪华西餐厅,主要用于盛放泉水及冰水。（图3.21）

图3.21　高脚水杯

（二十二）坦布勒杯（Tumbler glass）

坦布勒杯无脚、为平底玻璃杯,多用于盛放长饮酒或软饮料。（图3.22）

图 3.22　坦布勒杯

（二十三）带柄啤酒杯（Mug glass）

带柄啤酒杯用于盛放鲜啤酒,俗称扎啤杯。（图3.23）

图 3.23　带柄啤酒杯

（二十四）比尔森式啤酒杯（Pilsner glass）

比尔森式啤酒杯盛放啤酒之用。（图3.24）

图 3.24　比尔森式啤酒杯

（二十五）雪利酒杯（Sherry glass）

雪利酒杯矮脚、小容量，专用于盛放雪利酒。（图3.25）

图3.25　雪利酒杯

（二十六）波特酒杯（Port glsss）

波特酒杯形状与雪利酒杯相同，专用于盛放波特酒。（3.26）

图3.26　波特酒杯

（二十七）耳杯（Cup glsss）

耳杯用于盛放热饮酒和其他特定饮品。（图3.27）

图3.27　耳杯

（二十八）滤酒杯（Decanter glsss）

滤酒杯主要用于酒的澄清,也作为追水杯使用。（图 3.28）

图 3.28　滤酒杯

（二十九）潘趣酒缸（Punch glsss）

潘趣酒缸又名宾治盆,供调制潘趣(宾治)酒之用。（图 3.29）

图 3.29　潘趣酒缸

（三十）果冻杯（Sherbet glsss）

果冻杯多用于盛放冰淇淋和果冻。（图 3.30）

图 3.30　果冻杯

（三十一）飓风杯（Hurricane glass）

飓风杯是一种新式鸡尾酒杯,多用于盛放热带果汁鸡尾酒和冰冻鸡尾酒;容量一般为 12 ~ 16 盎司。（图 3.31）

图 3.31　飓风杯

（三十二）爱尔兰咖啡杯（Irish coffee glass）

爱尔兰咖啡杯是杯体长直的高脚杯,杯体底部呈圆形,并在侧方有把柄,容量为 8 ~ 10 盎司。这种酒杯一般比较厚实,多用于盛放咖啡、茶、巧克力等热饮料。（图 3.32）

图 3.32　爱尔兰咖啡杯

实训任务 2

装饰物的选择和制作

（一）装饰物的种类

1.冰块

很多鸡尾酒在饮用的时候需要适当的冰度,因此,冰块很重要。无论是与其他原料一起被摇匀再隔离,或直接加进饮品内,冰块都可以有很多花样。作为鸡尾酒装饰的冰块可以有不同的形状、味道和颜色。（图 3.33）

图 3.33　冰块

2. 霜状饰物

霜状饰物是用来给鸡尾酒"造霜"的。"造霜"就是将一种甜或咸的味道捆在酒杯的边缘。很多不同的材料都可以用来造霜。但有一个原则：用食盐和香芹盐造霜时，要用柠檬汁或青柠汁润湿边缘，而造糖霜时要用稍微搅拌过的蛋白。要染糖霜或椰子霜，只需将它们放在粉状的食物中拌匀。此外，也可以将咖啡粉、朱古力粉或桂皮与糖混合来造霜。"有趣的家伙（Salty Dog）"和"玛格丽特（Margarita）"等有盐霜的鸡尾酒，饮用时要连盐霜一起喝下。相反，糖霜普通只是用来装饰，所以饮的时候可用吸管。（图 3.34）

图 3.34　霜状饰物

1.碎果仁霜；2.染蓝糖霜；3.染红糖霜；4.中等粗盐霜；5.碎肉豆蔻霜；6.染黄干椰霜；7.染粉糖霜

造霜的方法：彻底洗净和擦干玻璃杯，倒一些食盐或粗盐在一个较杯直径大的碟或碗中。紧握倒转的酒杯，将湿润的杯边蘸上盐，使盐均匀地粘在杯边。若盐霜不均匀，多蘸几次即可。

3. 橘类饰物

点缀鸡尾酒，橘类水果是不可缺少的装饰材料。例如，一片水果、螺旋水果皮等。要选那些结实、皮薄，完好和最好未经"打蜡"的水果。预备制作装饰物的时候，一定要先将水果洗净,并记住要用一把锋利的削皮刀。下图展示的各种装饰物,主要由橘、柠檬和青柠制成。其实,任何橘类水果都可以,只需以同样的方法用在喜欢的水果上便可以了。红肉橙由于有橙红色肉,所以看起来会非常夺目,其他如西柚、细皮小柑橘等也是好选择。(图3.35)

图 3.35　橘类饰物

1.长条青柠螺旋皮;2.柠檬皮结;3.半切片半螺旋的橙和青柠,用来卷曲地放在杯外;
4.挖有沟纹的鲜橙、柠檬和青柠"车轮"片;5.金橘百合花;6.短条橙皮;7.1/4和1/2块的鲜橙、
柠檬、青柠片;8.中长橙皮;9.西柚皮;10.圆形橙皮;11.鲜橙皮;12.长条柠檬皮片
用来打柠檬蝴蝶结;13.青柠和鲜橙皮结;14.完整的鲜橙,柠檬和青柠皮

4. 杂果饰物

除了橘类水果外,还有很多水果可以作为鸡尾酒的装饰物,统称为杂果饰物。比如

图 3.36　杂果饰物

1.双重扭橘皮;2.香橙樱桃卷;3.三重扭纹橘子皮;4.染色樱桃;
5.有柄樱桃;6.有柄野樱桃;7.野樱桃柠檬卷;8.三重野杨梅串

9. 柠檬卷;10. 无核葡萄对;11. 各色瓜果球;12. 杂色果球串;13. 草莓扇;

14. 有柄鲜樱桃;15. 半把草莓扇;16. 连野(花萼)草莓叶;17. 连皮香蕉片

一串新鲜红醋栗(Redcurrants)的简单挂杯,或者一小束蘸了糖霜的葡萄。一般来说,选择鸡尾酒装饰物时,较保守的做法是宁愿让人觉得简单一点。否则,这杯饮品便会令人觉得没有亲切感,甚至生人勿近。切记:我们提供的是饮品,不是小吃!(图3.36)

5. 花、叶、香草、香料饰物

我们可以用很多不同方式将植物的花和叶制成鸡尾酒的装饰物。比如,一朵兰花或

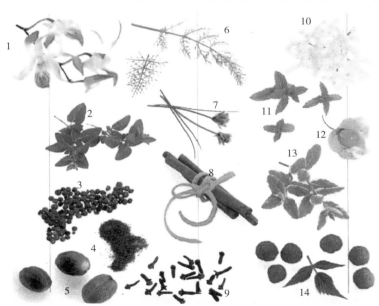

图 3.37　花、叶、香草、香料饰物

1. 兰花;2. 一小枝牛膝草;3. 分红胡椒子;4. 肉豆蔻末;5. 肉豆蔻;

6. 一小枝茴香;7. 细香葱和细香葱花;8. 用橙皮扎着的一小束肉桂枝;9. 丁香;

10. 接骨木花;11. 薄荷叶;12. 灯笼果;13. 斑纹苹果薄荷叶;14. 野杨梅和叶

15. 红醋栗和叶；16. 草莓连花和叶；17. 罗勒枝；18. 袖珍玫瑰，花蕾和叶；
19. 百里香枝和花；20. 玫瑰花瓣；21. 香芹茎和叶；22. 菠萝叶；23. 月桂叶

者一朵玫瑰。"血腥玛莉（Bloody Mary）"就是一款用香芹杆做装饰的世界知名鸡尾酒。
（图 3.37）

（二）装饰物的制作

1. 柠檬片、柳橙片的制作

材料准备：圆盘 2 个、水果夹、水果刀、砧板、柠檬或柳橙

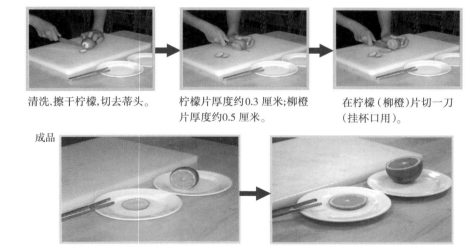

清洗、擦干柠檬,切去蒂头。　　柠檬片厚度约0.3厘米;柳橙　　在柠檬（柳橙）片切一刀
　　　　　　　　　　　　　　　片厚度约0.5厘米。　　　　　（挂杯口用）。

2. 柠檬片（柳橙片）和红樱桃的制作

材料准备：圆盘 2 个、水果夹、水果刀、砧板、剑叉、红樱桃、柠檬或柳橙

左手取水果夹夹取柠檬片（柳橙片），右手取剑叉叉入柠檬片（柳橙片）。

以水果夹夹取红樱桃，剑叉穿过樱桃。

再将柠檬片（柳橙片）和红樱桃串在一起，并以水果夹夹取放回圆盘。

成品

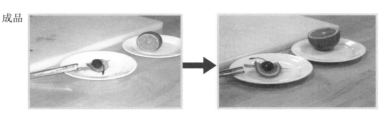

3. 苹果片和红樱桃的制作

材料准备：圆盘 2 个、水果夹、水果刀、砧板、剑叉、苹果、红樱桃

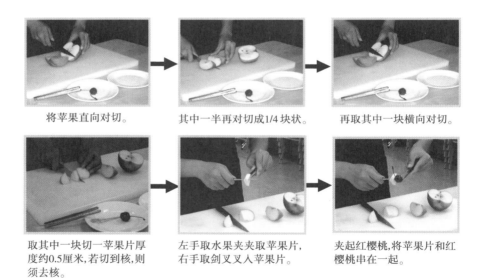

将苹果直向对切。

其中一半再对切成1/4块状。

再取其中一块横向对切。

取其中一块切一苹果片厚度约0.5厘米，若切到核，则须去核。

左手取水果夹夹取苹果片，右手取剑叉叉入苹果片。

夹起红樱桃，将苹果片和红樱桃串在一起。

成品

4. 柠檬皮的制作

材料准备:圆盘2个、水果夹、水果刀、砧板、柠檬

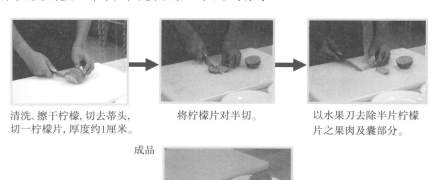

清洗、擦干柠檬,切去蒂头,
切一柠檬片,厚度约1厘米。

将柠檬片对半切。

以水果刀去除半片柠檬
片之果肉及囊部分。

成品

5. 螺旋形柠檬皮的制作

材料准备:圆盘、水果刀、砧板、柠檬

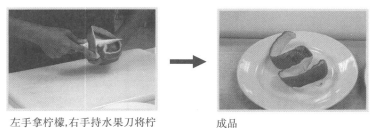

左手拿柠檬,右手持水果刀将柠
檬削成一螺旋形长条状的柠
檬皮。

成品

6. 柠檬角的制作

材料准备:圆盘2个、水果夹、水果刀、砧板、柠檬

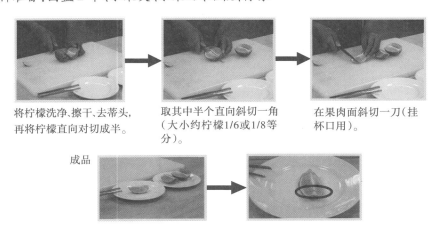

将柠檬洗净、擦干、去蒂头,
再将柠檬直向对切成半。

取其中半个直向斜切一角
(大小约柠檬1/6或1/8等
分)。

在果肉面斜切一刀(挂
杯口用)。

成品

7. 盐口杯的制作

材料准备:圆盘 2 个、水果夹、水果刀、砧板、柠檬、三角鸡尾酒杯、食盐

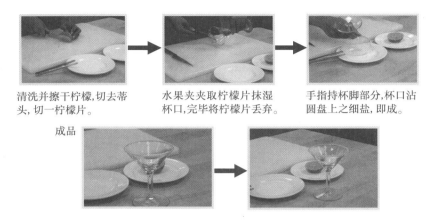

清洗并擦干柠檬,切去蒂头,切一柠檬片。　　水果夹夹取柠檬片抹湿杯口,完毕将柠檬片丢弃。　　手指持杯脚部分,杯口沾圆盘上之细盐,即成。

成品

知识拓展

世界上最大的啤酒杯——8 英尺

　　爱尔兰餐厅用 430 加仑健力士黑啤装满了一个 8 英尺高的啤酒杯,从而被记入了吉尼斯纪录大全。餐厅主人在餐厅和天台中 400 多人的目睹下把黑啤倒入这个酒杯里。单单这个酒杯就重达 2 772 磅。之前创下世界上最大啤酒杯记录的是 2008 年 2 月芝加哥哈里-凯瑞的意大利牛排餐厅。那是一个 4 英尺高,六边形,100 加仑容积的杯子,带一个用来倒酒的龙头。装满啤酒时,那个酒杯重 1 000 磅。

实训活动

　　在调酒台上放置不同的载杯若干,请同学们在一分钟内找出鸡尾酒红粉佳人、黑色俄罗斯、特基拉日出、自由古巴所对应的载杯。

认识调酒主料

项目导语

基酒又名酒基、底料、主料,在鸡尾酒中起决定性的主导作用,是鸡尾酒中的当家要素。完美的鸡尾酒需要基酒有广阔的胸怀,能容纳各种加香、呈味、调色的材料。选择基酒首要的标准是酒的品质、风格、特性,其次是价格。理想的酒是用品质优良、价格适中的酒做基酒,既能保证利润空间,又能调出令人满意的酒。选择什么样的酒来作基酒,是需要一定技巧的。

项目任务

通过对本项目的学习,让学生认识六大基酒:金酒、特基拉(龙舌兰)、伏特加、朗姆酒、威士忌、白兰地。熟知六大基酒的酿造方法,同时了解六大基酒的特点。学生通过对本项目的学习,不仅要求掌握六大基酒的基本知识,同时要求学生能够识记每款基酒的著名品牌和各自特点。能根据鸡尾酒配方准确找出每一种基酒的某个特定品牌,提升调酒速度。使学生能更好为客人服务。

核心技能

主料产地识别　　主料口感识别　　主料度数识别

实训任务 1

认识金酒

金酒(Gin),又称"琴酒""毡酒"或"杜松子酒",是在 1660 年,由荷兰的莱顿大学(Unversity of Leyden)一名叫西尔维斯(Doctor Sylvius)的教授制造成功的。最初制造这种酒是为了帮助在东印度地域活动的荷兰商人、海员和移民预防热带疟疾病,以后这种用杜松子果浸于酒精中制成的杜松子酒逐渐为人们接受的一种新饮料。据说,1689 年流亡荷兰的威廉三世回到英国继承王位,于是杜松子酒传入英国,英文叫 Gin,受到欢迎。金酒不用陈年,它的美味是由多种香料蒸馏来的,不过在美国有些金酒会陈年一段时间,陈年后会成为淡金黄色,称为 Golden Gin,虽然已陈年过,但在商标上都不注明。如果是荷兰造的淡黄色的金酒,都是用焦糖染的色。最受人欢迎的金酒鸡尾酒是马丁尼鸡尾酒。

金酒可分为荷兰式金酒和英国式金酒两大类。干味金酒最具有英式金酒风味。

(一)添加利金酒(Tanqueray Gin)

1988 年,哥顿公司与查尔斯·添加利合作,成立添加利哥顿公司。添加利金酒是金酒中的极品名酿,浑厚干冽,具有杜松子独特香味和其他香草配料,现为美国最著名进口金酒之一,并广受世界各地人士喜爱。(图 4.1)

图 4.1　添加利金酒

(二)孟买蓝宝石金酒(Bombay Dry Gin)

孟买蓝宝石金酒被认为是全球最优质、最高档的金酒,与仅仅用 4～5 种草药浸泡而成的普通金酒相比较,孟买蓝宝石金酒将酒蒸馏汽化,通过 10 种世界各地采集而来的草药精酿而成。如此独特的工艺,赋予了孟买蓝宝石金酒与众不同的口感!凭借其精致绝伦的外观和口感,孟买蓝宝石金酒在创导全球时尚的城市如纽约、巴黎、伦敦等地掀起热潮,它成为世界上增长最快的洋酒品牌之一。(图 4.2)

图 4.2　孟买蓝宝石金酒

（三）哥顿金酒（Gordon's Dry Gin）

哥顿金酒是英国的国酒。1969年,阿历山大·哥顿在伦敦创办金酒厂,开发并完善了不含糖的金酒,将经过多重蒸馏之酒精配以杜松子、莞荽种子及多种香草,调制出香味独特的哥顿金酒(口感滑润,酒味芳香的伦敦干酒)。哥顿金酒更于1925年获颁赠皇家特许状。今天哥顿金酒的出口量为英国伦敦金酒之冠军;在世界市场上,每天的销量高达4瓶/秒。(图4.3)

图4.3　哥顿金酒

（四）必富达金酒（Beefeater Gin）

必富达金酒使用优质配料,应用珍贵的传统专业酿酒工艺制造而成。自19世纪以来,必富达金酒的酿酒配方结合了野生杜松和芫荽的美味以及天使酒的微甜味和塞维利亚柑橘的特殊味道,所酿造的金酒口味醇美,让人回味。必富达金酒的独特酿酒配方对外严格保密。(图4.4)

图4.4　必富达金酒

项目四　认识调酒主料

实训任务 2

认识特其拉酒

特其拉酒(Tequila)产于墨西哥。它的生产原料是一种称为龙舌兰(类似芦荟)的珍贵植物,其实它属于仙人掌类,是一种怕寒的多肉花科植物,经过10年的栽培方能酿酒。特其拉酒在制法上也不同于其他蒸馏酒,在龙舌兰长满叶子的根部,经过10年的栽培后,会形成大菠萝状茎块,将叶子全部切除,将含有甘甜汁液的茎块切割后放入专用糖化锅内煮大约12小时,待糖化过程完成之后,将其榨汁注入发酵罐中,加入酵母和上次的部分发酵汁。有时,为了补充糖分,还得加入适量的糖。发酵结束后,发酵汁除留下一部分做下一次发酵的配料之外,其余的在单式蒸馏器中蒸馏两次。第一次蒸馏后,将会获得一种酒精含量约25%的液体;而第二次蒸馏,在经过去除首馏和尾馏的工序之后,将会获得一种酒精含量大约为55%的可直接饮用烈性酒。因此特其拉酒的酒精含量大多为35%~55%。我们通常能够见到无色特其拉酒为非陈年特其拉酒。金黄色特其拉酒为短期陈酿,而在木桶中陈年1~15年的,称为老特其拉酒。也就是说,我们可以根据成熟程度,将龙舌兰酒分为无色龙舌兰酒(没有成熟)、金黄色龙舌兰酒(2个月以上成熟)和龙舌兰古典(一年以上成熟)。

值得注意的是,特其拉酒也被称为"龙舌兰"烈酒,是龙舌兰酒的一种。依照墨西哥相关法律的规定,也只有在允许的区域内使用蓝色龙舌兰(在龙舌兰多达136种的分支中质量最为优良的蓝色龙舌兰)作为原料的龙舌兰酒,才有资格被冠以"特其拉"之名予以销售。其他种类龙舌兰酒,主要是梅斯卡尔酒(Mezcal)与普逵酒(Pulque)。因此所有的特其拉酒都是龙舌兰酒,但并非有的龙舌兰酒都可称之为特其拉酒。

(一)奥美加金(Olmeca Tequila Gold)

奥美加金源自神秘的远古时代,秉承3000年的西班牙酿酒文化,延续丰富的甘醇酒味。以采摘自墨西哥高原的龙舌兰,经过两次蒸馏工艺,提炼成奥美加金龙舌兰酒,蕴涵黄金般柔和的色泽和新鲜的柠檬清香,任何时候都可尽享精致优雅与品位。(图4.5)

(二)豪帅金快活龙舌兰酒(Jose Cuervo Tequila)

来自墨西哥的金快活龙舌兰酒以其卓越的品质以及醇厚的口感风行全世界。长久以来,"金快活"一直是消费者心目中龙舌兰酒的第一品牌,目前为名列世界前十大最受欢迎烈酒品牌之一,在中国亦受到最多喜爱龙舌兰酒的消费者肯定。该酒

图4.5　奥美加金

的生产商墨西哥豪帅金快活龙舌兰酒厂成立于1795年,历史悠久,是世界最大的龙舌兰烈酒生产商,以酿制顶级橡木桶陈年龙舌兰烈酒而著称。(图4.6)

图4.6 豪帅金快活龙舌兰酒

(三)懒虫金龙舌兰酒(Camino Tequila)

懒虫金龙舌兰酒于70年前起源于墨西哥,选用天然优质的墨西哥龙舌兰酿制而成。看一眼它缤纷的色彩和独特个性化的包装,其透露出来的浪漫和激情已经让人不可抵挡了。别急,更为神奇的还在它本身。别看它色泽透明清澈,如果加入橙汁和糖浆,就会产生彩虹般的奇幻效果。(图4.7)

图4.7 懒虫金龙舌兰酒

(四)白金武士(Conquistador Silver Tequila)

白金武士龙舌兰酒采用墨西哥特产龙舌兰为原料酿制,是墨西哥享誉国际的佳酿。寻求刺激人士喜爱 TEQUILA POP 的醇和热烈,或换一杯 MARGARITA,它以白金武士龙舌兰酒为主,然后加柠檬汁及碎冰搅拌,再以盐围酒杯边,那种酸意苦涩,相信只有尝试一杯才能真正领会。(图4.8)

图 4.8　白金武士

实训任务 3
认识伏特加酒

伏特加是俄国和波兰的国酒,是北欧寒冷国家十分流行的烈性饮料,历史悠久,其英文名为 Vodka,出自于俄罗斯的一个港口名 Viatka,含义是"生命之水"。

俄罗斯是生产伏特加酒的主要国家,但在德国、芬兰、波兰、美国、日本等国也都能酿制出优质的伏特加酒。特别是在第二次世界大战开始时,由于俄罗斯制造伏特加酒的技术传到了美国,使美国也一跃成为生产伏特加酒的大国之一。

伏特加是以多种谷物(马铃薯、玉米)为原料,用重复蒸馏、精炼过滤的方法,除去酒精中所含毒素和其他异物的一种纯净的高酒精浓度的饮料。伏特加无色无味,没有明显的特性,但很提神。伏特加酒口味烈,劲大刺鼻,除了与软饮料混合使之变得干冽,与烈性酒混合使之变得更烈之外,别无它用。但由于酒中所含杂质极少,口感纯净,并且可以以任何浓度与其他饮料混合饮用,所以经常用于做鸡尾酒的基酒。纯喝时,必须冷却,且以一口气喝完为佳。

(一)皇冠伏特加(Smirnoff)——三次蒸馏,绝对纯净

皇冠伏特加又称宝狮伏特加。沙俄时代的 1860 年,在莫斯科建立了皇冠伏特加酒厂(Pierre Smirnoff Fils)。1930 年,其配方被带到美国,在美国建立了皇冠伏特加酒厂。现在是英国帝亚吉欧公司旗下品牌之一。皇冠伏特加是目前最为普遍接受的伏特加之一,在全球 170 多个国家销售,堪称全球第一伏特加。占烈酒消费的第二位,每天有 46 万瓶皇冠伏特加售出。作为最纯的烈酒之一,深受各地酒吧调酒师的欢迎。皇冠伏特加酒液透明,无色,除了有酒精的特有香味外,无其他香味,口味干冽、劲大冲鼻,是调制鸡尾酒不可缺少的原料,世界著名的鸡尾酒如血腥玛丽、镙丝刀都采用此酒为基酒。(图 4.9)

图 4.9　皇冠伏特加

（二）绝对伏特加（Absolut Vodka）——绝对艺术

　　源于 1879 年的绝对伏特加每一瓶都产于瑞典南部的阿赫斯,它拥有 400 多年的酿造传统。绝对伏特加是世界知名的伏特加酒品牌。"ABSOLUT"翻译过来是"绝对"的意思。作为声名最显赫的伏特加酒品牌,绝对伏特加的声誉不仅仅来自它的酿造工艺,在广告业,从来没有一个这样的品牌——它与现代艺术结合得如此紧密而完美,它给艺术家与广告创意提供了无数令人惊奇的可能性。（图 4.10）

　　绝对伏特加家族拥有了同样优质的一系列产品,包括绝对伏特加（Absolut Vodka）,绝对伏特加（辣椒味）（Absolut Peppar）,绝对伏特加（柠檬味）（Absolut Citron）,绝对伏特加（黑加仑子味）（Absolut Kurant）,绝对伏特加（柑橘味）（Absolut Mandrin）,绝对伏特加（香草味）（Absolut Vanilia）,以及绝对伏特加（红莓味）（Absolut Raspberr）。

图 4.10　绝对伏特加

（三）蓝天原味伏特加（Skyy Vodka）——独一无二的蓝

现在已有越来越多的国家和地区能够生产出淳厚刚烈的美酒，Skyy 就是其中之一。Skyy 原产地是美国。创始于 1992 年的 Skyy 一直引领着伏特加领域的改革先锋。四次蒸馏，三次过滤，加上自身独特而先进的酿制工艺使得它成为了世界上伏特加品牌中最纯的酒精饮料。而说到这一美国独特的工艺，就不得不提到其发明人康贝尔先生（Mr. Kanbar）。在蓝天伏特加的发明中，康贝尔先生创造性地使用了蒸馏工艺，由此过滤掉了传统 Vodka 各种酒精中的杂质，并且不改变 Vodka 所特有的口感。正是这项发明，使得 Skyy 品牌的 Vodka 成为了美国近年来销售增长最快的一种伏特加酒。值得一提的是，Skyy 的 VODKA 除了拥有高度纯净的口感，还有着一件独一无二的蓝色"外衣"。（图4.11）

图 4.11　蓝天原味伏特加

（四）维波罗瓦（Wyborowa）——最古老的伏特加品牌

维波罗瓦就是来自伏特加故乡波兰的顶级伏特加，是世界上最古老的伏特加。品牌自 1823 诞生以来，以其清爽纯的特点正迅速在世界各地流行，成为波兰伏特加酒的旗帜。继原味和柠檬口味后，2006 年 8 月，维波罗瓦和象征极致激情活力的玫瑰相遇，诞生了全新的维波罗瓦玫瑰口味伏特加。（图4.12）

图 4.12　维波罗瓦

实训任务 4

认识朗姆酒

朗姆酒(Rum),又称火酒,它的绰号又叫"海盗之酒",因为过去横行在加勒比海地区的海盗都喜欢喝朗姆酒;也叫糖酒,是制糖业的一种副产品,它以蔗糖作原料,先制成糖蜜,然后再经发酵、发馏,在橡木桶中储存 3 年以上而成,又译为劳姆酒、兰姆酒。其主要特征是具有甘蔗香气。产于盛产甘蔗及蔗糖的地区,如牙买加、古巴、海地、多米尼加、波多黎各、圭亚那等加勒比海的一些国家,其中以牙买加、古巴生产的朗姆酒最有名。

朗姆酒按口味分三类:①淡朗姆酒:无色,味道精致,清淡,是鸡尾酒基酒和兑和其他饮料的原料。②中性朗姆酒:生产过程中,加水在糖蜜上使其发酵,然后仅取出浮在上面澄清的汁液蒸馏,陈化。出售前用淡朗姆或浓朗姆兑和至合适程度。③浓朗姆酒:在生产过程中,先让糖蜜放 2～3 天发酵,加入上次蒸馏留下残渣或甘蔗渣,使其发酵,甚至要加入其他香料汁液,放在单式蒸馏器中,蒸馏出来后,注入内侧烤过的橡木桶陈化数年。

朗姆酒按颜色分类有 3 种,白朗姆酒、金朗姆酒、黑朗姆酒。①白朗姆酒:指无色或淡色,又叫银朗姆酒(Silver Rum),制造时让经过入桶陈化的原酒,经过活性炭过滤,除去杂味。②金朗姆酒(Golden Rum):介于白朗姆酒和黑朗姆酒之间的酒液,通常用两种酒混合。③黑朗姆酒(Dark Rum):浓褐色,多产自牙买加,通常用于制点心,实际是浓朗姆酒。

世界上朗姆酒的原产地在古巴共和国。它在生产中保留的传统工艺,经过一代一代的相传,一直保留至今。

朗姆酒可以直接单独饮用,也可以与其他饮料混合成好喝的鸡尾酒。在晚餐时作为开胃酒来喝,也可以在晚餐后喝。在重要的宴会上,它是个极好的伴侣。

(一)百家得(Bacardi)

1862 年,唐·法卡多·百加得·马修在古巴购置了一个锡皮屋顶的酿酒小厂,以自己的名字——百加得命名,并以夫人玛利亚创作的蝙蝠象征作为商标,从此开始了百加得朗姆酒的"成名"之路。百加得朗姆酒以口感柔和、清淡滑爽的独特风味伴随着蝙蝠这一极具灵性的标志迅速深入人心,并成为人们最受青睐的朗姆酒之一。(图4.13)

图 4.13　百家得

（二）哈瓦那俱乐部（Havana Club）

"哈瓦那俱乐部"牌朗姆酒酒厂设在哈瓦那附近的一座小镇上。作为古巴朗姆酒的杰出代表,哈瓦那俱乐部是古巴历史和文化不可或缺的一部分,它也是世界上发展最快的朗姆酒之一。经过古巴传统方法醇化的哈瓦那俱乐部呈现出清爽独特的口感和芳香。（图4.14）

图4.14　哈瓦那俱乐部

（三）美雅士（Myers's Rum）

美雅士是牙买加最上等的朗姆酒,并获优质金章奖。美雅士浓郁丰富的酒味,是选用陈酿5年以上、品质最出众的朗姆酒调配而成,与汽水或柑橘酒混饮,配搭完美。（图4.15）

图4.15　美雅士

（四）摩根船长（Captain Morgan）

这是一款富有强烈岛国风味的朗姆酒,它的名字来自亨利·摩根船长。他是一个传奇人物,是一名出色的冒险家,喜爱寻求刺激,在17世纪中叶航行在加勒比海上。他接受的各种荣誉包括：海军上将、爵士，以及牙买加的副行政长官。摩根船长金朗姆酒因此以他来命名，以突出此酒的特质——适合追求刺激、冒险及乐趣的饮家品尝。摩根船长朗姆酒有三种款式，各具特色：①摩根船长金朗姆酒，酒味香甜；②摩根船长白朗姆酒，以软化见称；③摩根船长黑朗姆，醇厚馥郁。（图4.16）

图4.16　摩根船长

实训任务5

认识威士忌

提起威士忌，人们便想起苏格兰，因为那里酿制的威士忌最出名。其实，威士忌源于爱尔兰。"威士忌"一词出自爱尔兰方言，意为"生命之水"。它最初由爱尔兰的一些僧侣酿造而成，后来这些僧侣到苏格兰传教时，带去了酿制秘方，从此沿用至今。威士忌以粮食谷物为主要原料，用大麦芽作为糖化发酵剂，采用液态发酵法经蒸馏获得原酒后，再盛于橡木桶内贮藏数年而成。其品种按风味特点来分，有苏格兰威士忌、爱尔兰威士忌和加拿大威士忌、美国波旁威士忌等，其中苏格兰威士忌比较有名的是：麦卡伦系列、格兰菲迪系列、尊尼获加系列、百龄坛系列、芝华士系列、格兰杰系列、马谛氏系列；按原材料选用来分有大麦威士忌、黑麦威士忌等。威士忌除单独饮用外，还可将其与柠檬水、汽水混合饮用。

值得注意的是，不同国家对威士忌的写法也有差异，爱尔兰和美国写为Whiskey，而苏格兰和加拿大则写成Whisky，尾音有长短之别。

苏格兰威士忌（Scotch Whisky）在苏格兰有四个生产区域，即高地（High land）、低地（Low land）、康倍尔镇（Campbel town）和伊莱（Islay），这四个区域生产的产品各有其独特风格。苏格兰威士忌必须陈年 5 年以上方可饮用,普通的成品酒需贮存 7～8 年,醇美的威士忌需贮存 10 年以上,通常贮存 15～20 年的威士忌是最优质的,这时的酒色、香味均是上乘的。贮存超过 20 年的威士忌,酒质会逐渐变坏,但装瓶以后,则可保持酒质永久不变。苏格兰威士忌分为单一麦芽威士忌(Single Malt Whisky)、混调和威士忌(Blended Whisky)和纯麦威士忌(Pure Malt Whisky)。其中单一麦芽威士忌是指百分之百以大麦芽酿造,并由同一家酒厂酿制,且必须全程使用最传统的蒸馏器,不得添加任何其他酒厂的产品,香气最重,口感最复杂,是最纯净的威士忌,价格也最贵。调和威士忌是由两种以上的单一麦芽威士忌或纯麦威士忌调合而成,所添加的单一麦芽威士忌的比例愈多,香气就愈重,价格也由低至高。纯麦威士忌是百分之百以大麦芽酿造,由数家酒厂的"单一麦芽威士忌"调制而成,香气较重,价格较贵。

爱尔兰威士忌是以 80% 的大麦为主要原料,混以小麦、黑麦、燕麦、玉米等配料,制作程序与苏格兰威士忌大致相同,但不像苏格兰威士忌那样要进行复杂的勾兑。另外,爱尔兰威士忌在口味上没有那种烟熏味道,是因为在熏麦芽时,所用的不是泥煤而是无烟煤,爱尔兰成士忌陈酿时间一般为 8～15 年,成熟度也较高,因此口味较绵柔长润,并略带甜味。

美国威士亦称为波本威士忌。波本(Bourbon)是位于美国肯塔基州内的一个县城。该处是美国最先使用玉米做原料酿造出威士忌的地方。虽然,今天的波本威士忌的产地已扩大到马利兰州、印第安纳州、伊利诺思州等地,可一半以上的波本威士忌仍然产于肯塔基州。波本威士忌,酒精含量一般为 40%～50% ,玉米含量至少 51% 但最多不超过 75% 。波本威士忌的口味与苏格兰威士忌有很大的区别。波本被蕴藏于烘烤过的橡木桶内,使其产生一种独特的丰富香味。波本威士忌的佼佼者是"占边(JIMBEAM)"和"杰克丹尼(Jack Danel)"。

加拿大生产威士忌酒已有 200 多年的历史,其著名产品是稞麦(黑麦)威士忌酒和混合威士忌酒。加拿大于 8 世纪中叶开始生产威士忌,那时只生产稞麦威士忌,酒性强烈。稞麦威士忌酒中稞麦(黑麦)是主要原料,占 51% 以上,再配以大麦芽及其他谷类组成,此酒经发酵、蒸馏、勾兑等工艺,并在白橡木桶中陈酿至少 3 年(一般 4～6 年)才能出品。19 世纪以后,加拿大从英国引进连续式蒸馏器,开始生产由大量玉米制成的威士忌,但口味较清淡。20 世纪后,美国实施禁酒令,很多美国酒厂纷纷迁往加拿大,因此加拿大威士忌得到了蓬勃发展。目前总体来说,加拿大威士忌酒在原料、酿造方法及酒体风格等方面与美国威士忌酒比较相似,口味细腻,酒体轻盈淡雅,酒度一般在 40% 以上,特别适宜作为混合酒的基酒使用。

(一)麦卡伦纯麦威士忌(Macallan 12 Years)

麦卡伦纯麦苏格兰威士忌是世界上最珍贵的威士忌。它出品于麦卡伦酒厂——创立于 1824 年,是苏格兰高地斯配塞地区最早获得许可的酿酒厂之一,其产品酿造历史已经超过 300 年。麦卡伦是世界最畅销的麦芽威士忌之一。《哥顿班尔》——英国葡萄酒及烈酒杂志——评价麦卡伦威士忌时说:"所有麦芽威士忌都是以 The Macallan 作为评审标准的。"麦卡伦的佳酿获得无数权威人士、评酒杂志的青睐和赞誉,更有"麦芽威士忌中的劳斯莱斯"的尊称。(图 4.17)

图 4.17　麦卡伦纯麦威士忌

(二)格兰菲迪威士忌(Glenfiddich)

格兰菲迪酒厂由威廉格兰先生于 1886 年秋天在苏格兰高地的中心 Speyside 地区创建。Speyside 拥有清澈干冽的东比多泉水,金黄饱满的大麦,清新的高原空气,为酿造高品质威士忌提供了完美的自然条件。完美的麦芽、精致的工艺、勤奋和对传统的执着,使得这个家族生产的麦芽威士忌异乎寻常如水般纯净。时至今日,格兰菲迪行销全球近200 多个国家,是最受世人欢迎的单一纯麦威士忌。这支威士忌存放于新橡木桶中陈年12 年,有一种新鲜、带洋梨味的芳香;其浓郁水果味的口感时而透出精致松木和泥碳味,独特且匀称。(图 4.18)

图 4.18　格兰菲迪威士忌

（三）芝华士 12 年威士忌（Chivas Regal 12）

产自苏格兰斯贝塞流域，芝华士 12 年威士忌借助其首席酿酒大师 Colin Scott 的调和艺术，将谷物和麦芽威士忌进行调和，更有弥足珍贵的麦芽威士忌 Strathisla 作为原料基酒，足以保证其在口味上的纯正和品质上的完美无暇。手工印制的银色包装盒和金色标签，传神地体现了芝华士 12 年富有、尊贵和历史悠久的内涵。（图 4.19）

图 4.19　芝华士 12 年威士忌

（四）尊美醇爱尔兰威士忌（尊美）

尊美醇爱尔兰威士忌酒，口感柔滑，产于爱尔兰，储藏于优质的西班牙甜雪利酒桶和美国波本酒桶，长达 7 年的成熟期，经过三次蒸馏制成，由约翰·詹姆斯父子公司在爱尔兰酿造和灌装。1780 年，创始人约翰·尊美醇在爱尔兰都柏林建立了都柏林蒸馏厂，驰名世界的尊美醇爱尔兰威士忌就此诞生。作为爱尔兰威士忌的杰出代表，尊美醇富含大麦清香，彰显出爱尔兰威士忌的独特风味。（图 4.20）

图 4.20　尊美醇爱尔兰威士忌

（五）杰克丹尼田纳西威士忌（Jack Daniel's）

杰克丹尼田纳西威士忌,自1904年起至1980年期内,曾先后获得六届国际酒类比赛冠军。它是美国最畅销的美国波本威士忌。美国波本威士忌须贮放在全新的橡木酒桶内,蕴藏陈化四年以上。它的酒精含量为45%,喝的时候一般多加入冰块。（图4.21）

图4.21　杰克丹尼

（六）占边波本威士忌

从1795年至今,占边波本威士忌由一个家族世代相传,独特的酿造手法不断精进。占边波本威士忌,出产于美国肯塔基州波本镇,酒液中与生俱来渗透着美国精神。自家族创始人Jacob Beam卖出第一桶波本威士忌以来,Beam家族已将占边波本威士忌演化成为一种杰出的艺术品,世代相传。1933年美国取消禁酒令至今,占边品牌已销售了一千万桶,也相当于300亿箱波本威士忌。占边波本威士忌不仅是美国销量第一的威士忌品牌,也是全球最为畅销的波本威士忌,被有胆有识之士奉为首选。1964年时,美国国会特别通过立法严格规定了波本威士忌的制造标准,并将其命名为美国国酒。（图4.22）

图4.22　占边波本威士忌

（七）加拿大俱乐部

Hiram Walker & Sons Ltd. 是加拿大最具代表性的酒类企业,其产品因在绅士云集的俱乐部中极受青睐而得名。1898 年成为英国维多利亚女王皇室御用酒,并畅销美国。1890 年正式命名,简称"C. C",享誉全球。(图 4.23)

图 4.23　加拿大俱乐部

实训任务 6

认识白兰地

白兰地一词有狭义和广义之说,从广义上讲,所有以水果为原料发酵蒸馏而成的酒都称为白兰地。但现在已经习惯把以葡萄为原料,经发酵、蒸馏、贮存、调配而成的酒称作白兰地。若以其他水果为原料制成的蒸馏酒,则在白兰地前面冠以水果的名称,如苹果白兰地、樱桃白兰地等。

白兰地最早起源于法国。18 世纪初,法国查伦泰河(Charente)的码头因交通方便,成为酒类出口的商埠。由于当时整箱葡萄酒占船的空间很大,于是法国人便想出了双蒸的办法,去掉葡萄酒的水分,提高葡萄酒的纯度,减少占用空间而便于运输,这就是早期的白兰地。法国白兰地可分为干邑(Cognac)和雅马邑(Armagnac)两大产地。由于干邑的产量比较多,所以有人就以干邑来代称法国白兰地。

干邑区共分六个种植区,所产酒的品质亦各有高低。按顺序排列为:

大香槟区——GRANDE CHAMPAGNE	1 级	
小香槟区——PETITE CHAMPAGNE	2 级	
边缘区——BORDERIES	3 级	
优质植林区——FINE BOIS	4 级	

良质植林区——BONS BOIS   5 级

一般植林区——BOIS ORDINAIRES（普通）   6 级

目前比较有名的白兰地有人头马系列、轩尼诗系列、马爹利系列、拿破仑系列、卡慕系列。白兰地的饮用方法：一般纯饮，使用白兰地杯。部分白兰地用来调制各种以白兰地为基酒的鸡尾酒。

（一）**人头马** VSOP（Remy Martin Vsop）

人头马 V.S.O.P 100% 来自法国干邑区中政府首肯的大香槟区和小香槟区，是全球最受欢迎、独尊"特优香槟干邑"的 V.S.O.P 干邑。创始人是雷米·马丁（Moniseur Remy Martin）。（图 4.24）

图 4.24 人头马

（二）**轩尼诗** V.S.O.P（Hennessy V.S.O.P）

轩尼诗 V.S.O.P 干邑，由 60 余种出自法国干邑地区四大顶级葡萄产区的"生命之水"谱合而成，于 19 世纪末成为整个干邑世界的品质标准。轩尼诗 V.S.O.P 干邑拥有和谐而含蓄的滋味，酒质细致，散发着高雅成熟魅力。创始人是李察·轩尼诗（Richard Hennessy）。（图 4.25）

图 4.25 轩尼诗 V.S.O.P

（三）马爹利蓝带（Martell Cordon Bleu）

马爹利蓝带是1912年爱德华·马爹利倾情力作。两百余种"生命之水"精心萃炼而成,醉人的紫罗兰芬芳,无双的醇厚口感,演绎"独具慧眼、领悟非凡"的卓然个性。创始人是尚·马爹利（Jean Martell）。（图4.26）

图 4.26　马爹利蓝带

（四）拿破仑 VSOP（Courvoisier Cognac VSOP）

拿破仑VSOP是比较年轻的干邑,充满现代感、高雅摩登的瓶身设计给人与众不同的感觉。它是法国干邑区名酿,产品广泛销售到世界160多个国家,并获得许多奖牌。创始人是爱曼奴尔·库瓦西耶（Emmanuel Courvoisier）。（图4.27）

图 4.27　拿破仑 VSOP

（五）卡慕 VSOP（Camus VSOP）

卡慕VSOP属于陈年干邑白兰地,融合50多种来自所有主要分区的干邑,在橡木桶内储存年份比法定之要求更长,酒味芬香醇厚,入口圆润顺滑,达至完美的平衡,并曾获得"国王的最爱"雅号,是卡慕最畅销的干邑,深受亚洲和全球各地饮家喜爱。用以盛载此干邑的晶亮通透玻璃瓶,其设计获 1998 年法国 JANUS 大奖殊荣。创始人是让·巴蒂斯特·加缪(Jean Baptiste Camus)。（图 4.28）

图 4.28　卡慕 VSOP

知识拓展

最昂贵白兰地酒将被拍卖　曾伴随拿破仑征服欧洲

据英国《每日电讯报》2012 年 2 月 19 日报道,荷兰收藏家范德彭(Bay Van Der Bunt)近日拍卖其收藏的 5 000 瓶总价值超过 500 万英镑(约合 4 995 万元人民币)的好酒,包括世界上最昂贵的一瓶柯纳克(Cognac)白兰地酒。

这瓶酒于 1795 年由鹰爵干邑(Brugerolle)公司酿造,曾伴随拿破仑征服欧洲。装酒的瓶子是人工吹制的 6 升大酒瓶,范德彭称它可能是世界上最后一瓶此类白兰地酒,这瓶酒估价 11.45 万英镑(约合 114 万元人民币)。

范德彭是 1990 年花 2 万英镑(约合 20 万元人民币)从一名芝加哥收藏家那里买到这瓶酒的。此时,这瓶酒的价值已经增长 5 倍。

此外,范德彭收藏的一瓶拿破仑白兰地(Courvoisier & Curlier)价值 3.9 万英镑(约合 39 万元人民币),这瓶酒酿造于 1789 年法国大革命时期。

实训活动

酒瓶设计训练,每位同学为六大基酒设计一款酒瓶,要求时尚、线条流畅,并用 PPT 的形式作出设计说明。

认识调酒辅料

项目导语

　　调酒辅料是指除了调酒主料,即六大基酒之外所要使用到的材料。调酒辅料的内容很复杂,状态和颜色各异。根据类别和重要性的不同,分为利口酒、开胃酒、甜食酒、果汁、碳酸饮料与配料等。辅料对鸡尾酒的作用是锦上添花的,通过辅料的加入,让鸡尾酒在保持基酒风味的同时具备其他材料所赋予的色、香、味和形。

项目任务

　　通过调酒辅料的介绍,学生能充分认识到不同辅料对鸡尾酒主料带来的影响,有些可能是味道上的改良、有些可能是色彩上的增加,这些影响都要求我们的学生掌握每一款辅料的自身特点、口味、色彩、寓意以及酒精度数。通过不断的尝试,对辅料的使用做到心里有数,游刃有余。

核心技能

　　利口酒识别　　开胃酒识别　　甜食酒识别　　果汁、碳酸饮料与配料识别

实训任务 1

认识利口酒

　　利口酒又叫力娇酒,是由英文 Liqueur 音译过来的,在美国称 Cordial(使人兴奋的)。要被称作利口甜酒,必须满足三个基本条件,即必须是以蒸馏酒为基酒,必须是调味加香的,必须是加糖份的。

　　英语 Liqueur(利口甜酒)是从拉丁语 Liquefacere 演变而来的,意思是融化或溶解。它很恰当地描述了利口酒的生产过程,物质在酒精里融化。美国人喜欢用 Cordial 来称呼利口酒,该单词 Cordial 同样来自拉丁语的 Cor,意思是"心"。因为早期的利口酒经常被修道院的僧侣或药师们用来治病,最起码也是温暖人的心脏。因此目前从市场上看,Liqueur 是指欧洲国家出产的利口酒,美国产品通常称为 Cordial,而法国产品则称为克罗美(Creme)。但不管怎么说,不管在哪个地方,Liqueur 的称呼越来越被接受。

利口酒可能是最变化多样、最古老的酒了。在过去的几个世纪里,利口酒在民间被当作药用。这种甜酒经常用来治愈胃痛或晕眩。当然,也经常被用于消愁解乏。由于每家蒸馏商都有自己的秘方和技术,他们都在寻找新鲜的口味和基酒,这样就有可能创造出上千个新产品,因此利口甜酒的变化是无穷尽的。

(一)利口酒的种类

1. 水果类

以水果的果实或果皮为原料。典型代表:柑橘利口酒、樱桃利口酒、桃子利口酒、椰子利口酒、黑醋栗利口酒、香蕉利口酒。

2. 种子类

以果实种子制成。典型代表:茴香利口酒、杏仁利口酒、可可利口酒、咖啡利口酒、榛子利口酒。

3. 香草类

以花、草为原料。典型代表:修道院酒(Chartreuse)、修士酒(Bénédictine)、杜林标酒(Drambuie)、桑布卡(Sambuca)、薄荷利口酒(Crème de Menthe)、紫罗兰利口酒(Creme de Violette)。

4. 乳脂类

以各种香料及乳脂调配制成。典型代表:百利甜奶酒、爱尔兰雾酒、鸡蛋利口酒。

(二)调制鸡尾酒常用的利口酒

1. 柑香酒(Curacao)

产地:荷兰(Holland)的库拉索(Curacao 的音译)岛。

用料:橘皮。

图 5.1 柑香酒

2. 君度(Cointreau,一种橘味白酒)

产地:法国

用料:一种特有的橙,青色如橘,果肉苦酸。注:君度加冰纯饮最佳。用古典杯加3~4块冰,入一至二份的君度,至酒色渐透微黄,饰柠檬皮。

图5.2　君度

3. 金万利(Grand Manier,酒度40%)

产地:Fnace Cognac,法国著名的葡萄酒产地克涅克
用料:苦橘皮。

图5.3　金万利

4. 泵酒、当酒或称修士酒(Benedictine)

产地:产于 Fance Normandy(法西北部地区诺曼底)
用料:以葡萄蒸馏酒为酒基,加入27种草药作调香物,兑以蜂蜜。

图 5.4　泵酒、当酒或修士酒

5.杜林标(Drambuie)

产地:英国

用料:草药、威士忌酒及蜂蜜,属烈性甜酒。常用于餐后酒或兑水冲饮。其配方于1745年由 Charles Edlward's 的一位随从带至苏格兰。酒标印有:Prince Charles Edlward's Liqueur。

图 5.5　杜林标

6.加利安奴(Galliano 由意大利英雄加利安奴将军得名)

产地:产于 19 世纪的意大利

用料:以食用酒精作酒基,加入 30 几种香草酿制的金色甜酒,味醇美、香浓。

图 5.6　加利安奴

7. 卡鲁瓦咖啡酒

产地:墨西哥

用料:利用墨西哥的咖啡豆为原料,以朗姆酒为酒基,并添加适量的可可及香草精制而成,酒度为26.5%,口味甜美。

图5.7 卡鲁瓦咖啡酒

8. 波士樱桃白兰地(Bols Cherry Brandy Liqueur)

产地:荷兰

用料:以南斯拉夫海岸地区Dalmatia当地盛产的Marasca樱桃树果实(成熟时期色泽呈暗红色)樱桃榨汁为主原料。

图5.8 波士樱桃白兰地

9. 波士蓝橙酒(Bol's Curacao Blue)

产地:荷兰

用料:混合多种药草、甜橘以及最特别的原料—Curacao小岛上特产香气浓郁但具苦味的苦橘经蒸馏程序而产生。

图 5.9　波士蓝橙酒

10. 葫芦绿薄荷酒(GET27)

产地:法国

用料:以 7 种不同的薄荷为主要调料制作而成,口味清爽、强劲、甘醇爽口。

图 5.10　葫芦樽薄荷酒

11. 马利宝椰子酒(Malibu White Rum With Coconut)

产地:美国加州马利宝(Malibu)海滩

用料:以新鲜的椰子汁混合牙买加清淡朗姆酒制成,配合独特全白色瓶子包装。

图 5.11　马利宝椰子酒

12. 森伯加(Sambuca)

产地:意大利

用料:茴香和甘草。

图 5.12　森伯加

13. 波士鸡蛋酒(Bol's Advocaat)

产地:荷兰

用料:新鲜鸡蛋,酒精度:15% 。

图 5.13　波士鸡蛋酒

14. 波士白可可(Bols Creme De Cacao White)

产地:荷兰

用料:可可豆、水、食糖、天然香料。

图 5.14　波士白可可

实训任务2
认识开胃酒

　　开胃酒一词来源于拉丁文 Aperare,指在午餐前打开食欲。开胃酒(Aperitif)又称餐前酒,在餐前喝了能够刺激胃口,增加食欲。开胃酒主要是以葡萄酒或蒸馏酒为原料加入植物的根、茎、叶、药材、香料等配制而成。

开胃酒有许多共性:第一,它们有相同的起源,在黑暗时代都是用作药。这使得开胃酒与利口酒很近似。第二,开胃酒在生产中具有许多共同点。第三,开胃酒的最大相似点就是每种酒都各有特点,各不相同。如果这些酒的口味与颜色没有区别,那酒吧会变得非常枯燥无聊。

意大利和法国是著名开胃酒产地。开胃酒的饮用方法有以下几种:①净饮。使用调酒杯、鸡尾酒杯、量杯、酒吧匙和滤冰器。做法:先把3粒冰块放进调酒杯中,量1.5盎司开胃酒倒入调酒杯中,再用酒吧匙搅拌30秒钟,用滤冰器过滤冰块,把酒滤入鸡尾酒杯中,加入一片柠檬。②加冰饮用。使用工具:平底杯、量杯、酒吧匙。做法:先在平底杯加进半杯冰块,量1.5盎司开胃酒倒入平底杯中,再用酒吧匙搅拌10秒钟,加入一片柠檬。③混合饮用。开胃酒可以与汽水、果汁等混合饮用,也是作为餐前饮料。

开胃酒主要分为4种类型:苦艾酒(Absinthe)、味美思、比特酒(Bitter)、茴香酒(Anis)。

(一)苦艾酒

苦艾酒的历史源于瑞士,是200多年前一名瑞士医生发明的一种加香加味型烈酒,最早是在医疗上使用,能有效改善病人的脑部活动。

苦艾酒是一种有茴芹茴香味的高酒精度蒸馏酒,主要原料是茴芹、茴香及苦艾(Wormwood)药草(即洋艾(Artemisia Absinthium)),这三样经常被称作"圣三一"。酒液呈绿色,当加入冰水时变为混浊的乳白色,这就是苦艾酒有名的悬乳状态。此酒芳香浓郁,口感清淡而略带苦味,并含有50%以上高酒精度。Absinthe在中国大陆叫作苦艾酒,南方地区有些称之为"艾苦酒"。但在中国台湾,人们根据音译叫"艾碧斯",有的也被喊作艾苦酒。

苦艾酒的酒精含量至少为45%,有的可高达72%,颜色可从清澈透明到传统上的深绿色,区别在于茴香提取物含量的多少,因为苦艾酒的深绿色主要是茴香的提取液带来的。传统上,饮用时常加3~5倍的溶有方糖的冰水稀释,所以口感先甜后苦,伴着悠悠的药草气味。另一种较粗犷的被称为波希米亚(Bohemeian)饮法的方式是将方糖燃烧后混入苦艾酒,再加水饮用。稀释后的酒呈现混浊状态是优质苦艾酒的标志,成因主要是酒内含植物提炼的油精的浓度大,水油混合后会造成混浊的效果。有趣的是,不少杰出的艺术家和文学家,如海明威、毕加索、梵·高、德加及王尔德等都是苦艾酒的爱好者。

常用的名牌有:

(1)Hill's:希氏苦艾酒是一款捷克出产的波西米亚风苦艾酒。希氏苦艾酒也是捷克天鹅绒革命后第一个苦艾酒品牌。希氏苦艾酒是由Albin Hill先生于1920年创立而成,至今已有超过90年历史。目前,希氏苦艾酒是捷克最大的苦艾酒品牌,也是世界最大最知名苦艾酒品牌之一。苦艾酒饮用方法中最知名方式波西米亚仪式,就是由希氏于20世纪90年代发明,并得到了广泛的流行,同时对苦艾酒的再次复兴起到了重要的推动作用。

图 5.15　希氏苦艾酒

（2）La Fée："仙子"苦艾酒是由 Green Utopia 创立,茴香味很浓,含有艾草成分,有五个风格的产品:巴黎风苦艾酒（Parisienne,一种茴香风味苦艾酒）;波希米亚风苦艾酒（Bohemian,淡茴香味苦艾酒）;瑞士人 X. S 苦艾酒和法国人 X. S 苦艾酒;NV 绿苦艾酒（NV Absinthe Verte,低度数（38%）苦艾酒）。（图 5.16）

图 5.16　"仙子"苦艾酒

（3）Lucid："清醒"是一款传统的法国制造的绿苦艾酒,其配方于 2006 年首次被批准,亦是自 1912 年以来第一个真正获得 COLA（标签批准证书 Certificate of Label Approval）进入美国的市场的苦艾酒。配方包括大艾草（苦艾）、绿茴芹、甜茴香以及其他草药。其侧柏酮浓度低于 10×10^6（相当于 10 毫克/千克）以符合美国标准。品牌重新提出了"高级苦艾酒"（Absinthe Supérieure）的口号,以将自己与苦艾酒长期以来的负面形象区分开来。（图 5.17）

图 5.17 "清醒"苦艾酒

（4）Kübler：J. Fritz Kübler 于 1863 年创立了这个品牌,在瑞士于 2005 年 3 月解除苦艾酒禁令后,库伯勒亦是在瑞士合法出售的第一个苦艾酒品牌。（图 5.18）

图 5.18　Kübler

（5）La Clandestine：秘牌苦艾酒是一款瑞士公司 Artemisia-Bugnon 生产的茴香味浓郁的蓝色苦艾酒。此外,他们还生产高度数的"变幻"系列苦艾酒（La Capricieuse）,由"秘"系列进一步蒸馏的绿苦艾酒"天使"系列（Angélique）,以及专门针对法国市场的玛丽安系列（La Recette Marianne）。（图 5.19）

图 5.19　秘牌苦艾酒

（二）味美思

味美思是以葡萄酒为基酒,加入植物、药材等物质浸制而成,酒度在 18°左右。最好的产品是法国和意大利出产的。目前几乎所有酒吧用的味美思都是这两个国家出产的。

味美思分特干(extra dry)、干(dry)、甜(sweet)几种,主要是由酒中含糖分的多少来区分。通常,干是指含糖分极少或不含糖分。甜是指含糖较多。一般来说,甜型味美思含葡萄酒原酒 75% ,干型味美思涩而不甜,含葡萄酒原酒至少 80% 。

从颜色上分又有白(bianco)和红(rosso)两种。通常,干味美思的颜色是无色透明或浅黄色;甜味美思是红色的或玫瑰红的。

常用的名牌有:

(1)仙山露(Cinzano):意大利产,创立于 1754 年,最著名味美思之一,有干型、白色、红色三种。(图 5.20)

图 5.20　仙山露

（2）马天尼（Martini）：产于意大利，创立于1800年，最著名味美思之一。（图5.21）

图5.21　马天尼

（3）诺瓦丽·普拉（Noilly Prat）：又称奈利·帕莱托味美思酒，由法国NOILLY公司生产，其种类包括干、白、红三种类型的味美思。一般调配辣味马丁尼时，摇时使用诺瓦丽·普拉（Noilly Prat）作为基酒。（图5.22）

图5.22　诺瓦丽·普拉

（三）比特酒

比特酒也称必打士。苦味酒是以葡萄酒和食用酒精为基酒，加入金鸡纳霜、龙胆等花草以及植物的茎、根、皮等药草调配而成，有强身健体，助消化功能。酒精含量在18%～45%，味道苦涩。

常用的品牌有：

（1）金巴利（Cam Pari）：产于意大利，酒液红色。26%最受意大利人欢迎，配方超过

千年。（图5.23）

图 5.23　金巴利

（2）佛耐·布兰卡（Fernet Branca）：产于意大利，号称"苦酒之王"，40%有醒酒、健脾胃的功效。（5.24）

图 5.24　佛耐·布兰卡

（3）杜本内（Dubonnet）：产于法国巴黎，酒精含量16%，通常呈暗红色，药香明显，苦中带甜，具有独特的风格。有红白两种，以红色最为著名。美国也生产杜本纳。（图5.25）

图 5.25　杜本内

（4）安格斯杜拉（Angostura）：产于西印度群岛的特立尼达和多巴哥共和国，以朗姆酒为基酒，酒精含量44%。调酒中常用，但刺激性很强，有微量毒素，喝多会有害人体健康。（图5.26）

图 5.26　安格斯杜拉

（5）安德卜格（Underberg）：产自德国，酒精含量44%，呈殷红色，具有解酒健胃的作用，这是一种用40多种药材、香料浸制而成的烈酒，在德国每天可售出100万瓶。通常采用20毫升的小瓶包装。（图5.27）

图 5.27　安德卜格

（四）茴香酒

茴香酒是用蒸馏酒与茴香油配制而成的,口味香浓刺激,分染色和无色,一般有明亮的光泽,酒精度约为25%。以法国产的比较有名。

常用的品牌有:

(1)潘诺酒(Pernod):浅青色,半透明,诞生于1805年的潘诺是历史最悠久,最国际化的法国茴香酒品牌,在饮用时加冰加水后会变成奶白色。(图5.28)

图5.28　潘诺酒

(2)里卡德(Ricard)力加:是全球销量第一的茴香酒,在欧洲长期受到消费者喜爱。力加酒也是法国烈性酒市场的老大,市场占有率高达14%,一直沿用保罗·力加独创的神秘配方,使用全天然原料酿制而成。(图5.29)

图5.29　里卡德力加

(3)帕斯提斯51(Pastis 51):产地法国,酒精度为45%,用甘草和焦糖串香的茴香浸酒。(图5.30)

图 5.30　帕斯提斯

实训任务 3
认识甜食酒

　　甜食酒(Dessert Wine),又称餐后甜酒(Liqueur),是佐助西餐的最后一道食物——餐后甜点时饮用的酒品。通常以葡萄酒作为酒基,加入食用酒精或白兰地以增加酒精含量,故又称为强化葡萄酒。所谓加强型葡萄酒(英文叫 Fortified Wine)就是在葡萄酒酿造过程中,酒精发酵完成后或者酒精发酵未完成时,添加酒精。添加酒精的过程,提高了成品酒中的酒精含量,酒也就变得更"有劲儿"了,酒的力道也被"加强"了,因而称之为加强型葡萄酒或者加烈葡萄酒。常见的甜食酒有波特酒、雪莉酒、玛德拉等。

　　甜食酒与利口酒的区别是:甜食酒大多以葡萄酒为主酒,利口酒则是以蒸馏酒为主酒。著名的甜食酒大多产于欧洲南部。

　　甜食酒和其他普通葡萄酒的区别就在于酒精含量和酒的风格不同,17% ~ 21% 的高酒精含量足以使甜食酒的稳定性好于普通葡萄酒。集葡萄酒的妩媚、优雅与烈性酒的阳刚、粗犷为一体,具有别样风情,主要产于意大利、西班牙、葡萄牙等国。

　　甜食酒的饮用:适合纯饮,选用红、白葡萄酒杯服务,每份标准用量为 50 毫升。普通甜食酒开瓶后应一次性饮完,以免氧化而影响风味,较好的开瓶后最好不超过 2 天,且最好把剩下的放在冰箱冷藏室里保存。

(一)雪利酒

　　雪利(Sherry)酒是世界上最著名的加强型葡萄酒之一,是西班牙的国宝。令人向往的顶级雪利酒,只产于西班牙的赫雷斯市(Jerez)。关于西班牙赫雷斯小镇生产雪利酒的记录最早可以追溯到公元前 1100 年。后来克里斯托弗·哥伦布(Christopher Columbus)在西班牙国王支持下所进行的多次航海活动中把雪利酒带到了世界各地。到 1587 年,雪利酒开始在其他国家受到欢迎。由于很多雪利酒被出口到英国,很多英国公司和家庭甚至在赫雷斯设立和购买酒窖。雪利酒的名称(Jerez 或 Sherry)来源于赫雷斯市的阿拉伯语名称雪利斯(Scheris)。虽然阿拉伯人在 13 世纪遭到驱逐,但这一名称却保留了下来,在莎士比亚时代,雪利白葡萄酒(Sherry-Sack)被认为是当时世界上最好的葡萄酒。

雪利酒的分类:

(1)干型雪利酒:也叫芬奴(Fino)。清淡闻名,有新鲜的苹果味,酒精含量为 16% ~ 18% 。可以分为 3 种:

①曼占尼啦(Manzanilla):色泽金黄,有丝丝咸味,具有杏仁的苦味。

②阿莫提啦多(Amontillado):琥珀色,有果味,略带辣味,是难得的陈年酒。

③巴尔玛(Palma):干型雪利酒出口的名称。分 4 个档次。

(2)甜型雪利酒:金黄色。带有核桃香味,口感浓烈,酒精含量为 18% ~ 20% 。可细分为 3 种:

①阿莫露索(Amoroso):深红色,口感凶烈。

②帕乐卡特多(Palo Corado):是稀有的珍品雪利酒,金黄色。

③乳酒(Cream Sherry):浓甜型雪利酒,宝石红色。

(3)雪利酒名品:分为 3 种。

①山迪文(Sandeman)。"山迪文"是苏格兰人 1790 年在伦敦创立的葡萄酒庄,1810 年 Sandeman 的事业扩张到葡萄牙、西班牙和爱尔兰。"山迪文"的注册商标是头戴西班牙帽,身穿葡国学士袍,手持红酒杯的男士形象。(图 5.31)

图 5.31　山迪文

②科罗夫特(Croft)。(图 5.32)

图 5.32　科罗夫特

③哈维丝(Harveys)。Harvey Bristol Cream 是一种回味略显刺激的葡萄加强酒,其口味中有烤坚果或葡萄干的感觉。Harvey Bristol Cream 通常作为开胃酒冰镇饮用,或者餐后直接加冰,与青柠或橙子一起饮用。其中,冰块可以降低些厘酒的黏稠度,橙子可以降低它的甜度,使其入口后更加愉悦。(图 5.33)

图 5.33　哈维丝

雪利酒的饮用:适合纯饮,干型酒冰镇后作开胃酒,甜型酒作甜食酒用,专用的雪利酒酒杯为 4 盎司。

(二)波尔图酒

波尔图(Porto)酒是著名的加强型葡萄酒,又被叫作波特酒。原产于葡萄牙,现在美国和澳大利亚也生产这种酒,品质最好的波特酒来自葡萄牙的波尔图市(Porto)。

1.波尔图酒的种类

酿造年份、陈酿期限、勾兑过程会形成不同风格的酒。

(1)宝石红波尔图酒(Ruby Porto):波尔图酒中的大路货,陈酿时间短,5~8年。由数种原酒混合勾兑而成。酒色如红宝石,味甘甜,后劲儿大,果香浓郁。

(2)白波尔图酒(White Porto):由白葡萄酿制,酒色越浅,口感越干的酒,品质越好。该酒是波尔图系列中最好的开胃酒。

(3)茶色波尔图酒(Tawany Porto):优秀产品,好的产品经过陈酿酒色呈茶色,在酒标上会注明用于混合的各种酒的平均酒龄。

(4)年份波尔图酒(Vintage Porto):这是最好最受欢迎的波尔图酒,陈酿先在桶中进行,2~3年后装瓶继续的陈酿,10年后老熟,色泽深红,酒质细腻,口味甘醇,果香、酒香协调。后期装瓶的年份波尔图酒是同类酒中最高级品,简称:LBV。

2.波尔图酒的名品

科克本(Cockburn's)(图5.34)

图5.34 科克本

泰乐(Taylor's)(图5.35)

图5.35 泰乐

方瑟卡(Fonseca)(图 5.36)

图 5.36　方瑟卡

3. 波尔图酒的饮用

波尔图酒适合纯饮,采用专用酒杯,容量 2 盎司。白波尔图酒适合低温服务,优质波尔图酒酒精含量高,开瓶后仍可保持 1 个月。

(三)其他的甜食酒

1. 玛德拉酒(Madeira)

产于葡萄牙,用地名命名的酒,保质期可长达 200 年。玛德拉岛地处大西洋,长期以来为西班牙所占领。玛德拉酒产于此岛上,是用当地生产的葡萄酒和葡萄烧酒为基本原料勾兑而成,十分受人喜爱。(图 5.37)

图 5.37　玛德拉酒

2. 玛拉佳酒(Malaga)

产于西班牙,是一种极甜的葡萄酒。(图5.38)

图5.38　玛拉佳酒

3. 玛拉萨酒(Marsala)

产于意大利,Marsala 是地名,位于意大利西西里岛西部,以西西里西部的马沙拉镇而命名的。Marsala 据说是来自阿拉伯语中的 Marsah-el-Allah,意思是"上帝的港湾"。玛拉萨酒是一种添加了些许蒸馏酒的 Fortify Wine(加烈葡萄酒),酒精度17%～19%,酒色呈琥珀色,口感厚实醇美,是一种做意大利名点"提拉米苏(Tiramisu)"的必备原料。(图5.39)

图5.39　玛拉萨酒

实训任务 4
认识果汁、碳酸饮料与配料

（一）重要果汁

果汁是以水果为原料经过物理方法如压榨、离心、萃取等得到的汁液产品，一般是指纯果汁或 100% 果汁。果汁按形态分为澄清果汁和混浊果汁。澄清果汁澄清透明，如苹果汁，而混浊果汁均匀混浊，如橙汁。按果汁含量分为纯果汁和果汁饮料。

果汁所含有的水果色泽、风味对鸡尾酒的色彩和口味有着重要的意义。我们常用的果汁有：

（1）柳橙汁（Orange Juice）（图 5.40）

图 5.40　柳橙汁

（2）凤梨汁（Pineapple Juice）（图 5.41）

图 5.41　凤梨汁

（3）番茄汁（Tomato Juice）（图5.42）

图5.42　番茄汁

（4）葡萄柚汁（Grapefruit Juice，又名西柚汁）（图5.43）

图5.43　葡萄柚汁

（5）葡萄汁（Grape Juice）（图5.44）

图5.44　葡萄汁

（6）苹果汁（Apple Juice）（图5.45）

图5.45　苹果汁

（7）蔓越莓浓缩汁（Strawberry Purees）（图 5.46）

图 5.46　蔓越莓浓缩汁

（8）杨桃汁（Starfruit Juice）（图 5.47）

图 5.47　杨桃汁

（9）椰子汁（Coconut Juice）（图 5.48）

图 5.48　椰子汁

（10）柠檬汁（Lemon Juice）（图5.49）

图 5.49　柠檬汁

（11）莱姆汁（Lime Juice）（图5.50）

图 5.50　莱姆汁

（二）碳酸饮料

碳酸饮料俗称汽水，昔日又称荷兰水，是充入二氧化碳气体的软饮料，其中包括日常汽水，如七喜、可乐、苏打水等。在冷却和压力的环境下，二氧化碳易于溶入水中，形成碳酸，正是这种酸性物质导致了舌头的麻刺感。碳酸饮料以碳酸水为基础，往往需要加入蔗糖、香料进行调味，而通常碳酸饮料中含有的水分可以达到90%以上。

碳酸饮料可以增进鸡尾酒的口感，同时碳酸饮料可以净化鸡尾酒的酒体，让酒体更加清澈动人。

（1）苏打汽水（Soda Water）（图5.51）

图 5.51　苏打汽水

（2）通宁汽水（Tonic Water）（图 5.52）

图 5.52　通宁汽水

（3）姜汁汽水（Ginger Water）（图 5.53）

图 5.53　姜汁汽水

（4）七喜汽水（7-UP）（图 5.54）

图 5.54　七喜汽水

（5）可乐（Cola）（图 5.55）

图 5.55　可乐

（三）重要配料

这里的配料指的是公认的、安全的可食用的物质,特指用于增添鸡尾酒的色、香、气、味、形的物质,但不包括食品添加剂、酒、果汁和碳酸饮料。

（1）淡奶油(Cream):也叫稀奶油,一般都指可以打发裱花用的动物奶油,脂肪含量一般为35% 。打发成固体状后就是蛋糕上面装饰的奶油了。（图5.56）

图5.56 淡奶油

（2）椰奶(Coconut Milk):椰子汁和牛奶按一定比例加工而成。（图5.57）

图5.57 椰奶

（3）鲜奶(Milk)。（图5.58）

图5.58 鲜奶

（4）蜂蜜（Honey）。（图5.59）

图5.59　蜂蜜

（5）糖（Sugar）。（图5.60）

图5.60　糖

（6）矿泉水（mineral water）。（图5.61）

图5.61　矿泉水

（7）冰块（Ice cubes）。（图5.62）

图5.62　冰块

（8）盐（Salt）。（图 5.63）

图 5.63　盐

（9）啤酒（Beer）。（图 5.64）

图 5.64　啤酒

（四）备用配料

备用配料是指配料中非典型的配料。该类型配料在鸡尾酒调制当中不是经常使用，只是作为少数几款鸡尾酒的材料而存在。常见的备用配料如下：

（1）杏仁露（Almond juice）。（图 5.65）

图 5.65　杏仁露

（2）豆蔻粉（Cardamom powder）。（图 5.66）

图 5.66　豆蔻粉

（3）芹菜粉（Celery powder）。（图5.67）

图5.67　芹菜粉

（4）红樱桃（Red Cherry）。（图5.68）

图5.68　红樱桃

（5）绿樱桃（Green Cherry）。（图5.69）

图5.69　绿樱桃

（6）香草（Vanilla）。（图5.70）

图5.70　香草

（7）鸡尾洋葱（Cocktail Onions）。（图 5.71）

图 5.71　鸡尾洋葱

（8）盐水去核黑油橄榄（Pitted black Olives）。（图 5.72）

图 5.72　盐水去核黑油橄榄

（9）辣椒酱（Chili sauce）。（图 5.73）

图 5.73　辣椒酱

（10）辣椒油（Chili Oil）。（图5.74）

图5.74　辣椒油

（11）去核青橄榄（Groene Olijven Olives Vertes）。（图5.75）

图5.75　去核青橄榄

知识拓展

全世界最贵的烈酒：Deluxe Chambord 利口酒

为了庆祝全新的《第凡内早餐》舞台剧上演，国际知名的英国伦敦专业珠宝设计师唐诺得艾吉（Donald Edge）与法国知名的 Chambord 利口酒酒厂合作，设计推出了一款全新、价值 $200 万元的 Deluxe Chambord 利口酒。这款镶嵌手工打造 18K 黄金装饰品的球形 Deluxe Chambord 利口酒，是法国 Chambord 利口酒酒厂最具代表性的产品，深受消费者好评。

在特殊圆形的酒瓶外观上，另外还有 1 100 个精细切割成圆形、水梨造形的钻石，与正方形的祖母绿宝石环绕，衬托出高雅、雍容华贵的独特造型。最新设计、高价位的 Deluxe Chambord 利口酒，首先已于英国的伦敦时尚周活动热烈推出，并且在《第凡内早餐》舞台剧上演的 Theatre Royal Haymarket 剧场，首场演出的当天晚上，陈列给前来观赏舞台剧的观众欣赏，而随后将陆续于全世界各地上市。

值得注意的是,这款 Deluxe Chambord 利口酒将被列入世界金氏(Guinness)记录中,名列"全世界最贵的烈酒"。

实训活动

(1)分组比赛,在 10 分钟内列出我们常用的苦艾酒、味美思、比特酒和茴香酒,列举多的,获胜。

(2)列出一份利口酒的购买清单,要求酒色是红色。

(3)列出一份利口酒的购买清单,要求口感是酸味。

项目六
鸡尾酒的调制

项目导语

　　正如香港调酒师协会秘书长王绍忠所说,调制一杯鸡尾酒并非难事。一个家庭酒吧的基本配备包括琴酒、伏特加、白色或褐色的朗姆酒、白兰地或干邑酒、龙舌兰酒和产自巴西的甘蔗酒。若再加上甜酒类,可以调制的品种就更多。初学时不需要马上购买专业的调酒用具,只需要调酒壶、果汁机、隔冰器和计量杯。当然,要调制出色、香、味、形、器具佳的鸡尾酒,就不是那么容易了。

项目任务

　　掌握调酒的程序;掌握调酒的基本动作要领;学会常见鸡尾酒的制作

核心技能

　　调酒程序　常见鸡尾酒调制

实训任务 1
鸡尾酒的调制程序

鸡尾酒的调制程序主要包括准备、调制、装饰和出品。

(一)准备工作

(1)备齐酒水:按照配方的要求,把所需要的酒水材料准备好。

(2)备齐调酒工具:按照配方的要求,把所需要的调酒工具准备好。

(3)选择好载杯:每一款鸡尾酒都有一款指定的载杯与之配套。因此,调制鸡尾酒前需要把所需要的载杯准备好。

(4)备好装饰:鸡尾酒的装饰物主要有两类,一类是需要在酒水制作前做好的,比如霜口杯,另一类是往往在酒调制完毕后加装上去的,比如柠檬片挂杯。

（二）调制鸡尾酒

（1）取瓶：把酒瓶从酒柜取下，放到操作台的过程称为取瓶。取瓶的时候要注意不能背对着客人，这样给客人的感觉是不礼貌的。调酒师应该略微侧身从酒柜上取下酒水。

（2）传瓶：把酒瓶从酒柜或操作台上传到手中的过程。传瓶一般有从左手传到右手或从下方传到上方两种情形。用左手拿瓶颈部传到右手上，用右手拿住瓶的中间部位。或直接用右手从瓶的颈部上提至瓶中间部位。动作要求快、稳。

（3）示瓶：把酒瓶展示给客人。用左手托住瓶下底部，右手拿住瓶颈部，呈45°把商标面向客人。传瓶至示瓶是一个连贯的动作。

（4）开瓶：用右手拿住瓶身，左手中指逆时针方向向外拉酒瓶盖，用力得当时可一次拉开。可以用左手虎口即拇指和食指夹起瓶盖，也可以将瓶盖放在台面上。开瓶是在酒吧没有专用酒嘴时使用的方法。

（5）量酒：开瓶后立即用左手中指和食指与无名指夹起量杯（根据需要选择量杯大小），两臂略微抬起呈环抱状，把量杯放在靠近容器的正前上方约一寸处，量杯要端平。然后右手将酒倒入量杯，倒满后收瓶口，左手同时将酒倒进所用的容器中。用左手拇指顺时针方向盖盖，然后放下量杯，盖好瓶盖，酒瓶放回原位。

（6）调制：注入原料后，按照配方规定的调酒方法进行调制。调制动作要讲究规范、标准、快速、美观。

（三）装饰

按照配方的要求，用预先准备好的装饰材料，对鸡尾酒进行装饰。

（四）出品

出品，就是说这款鸡尾酒已经制作完毕，可以对外销售了。这个时候特别需要做的是对鸡尾酒进行检查，主要涉及鸡尾酒的色泽、装饰物、载杯等。一旦发现与配方有差别，应该立即停止出品，重新调制。

（五）清理与归位

调酒结束后，首先，要把酒水材料放回原位；其次，立即清理使用过的调酒工具；最后，整理工作台，保证台面的卫生和干净。

实训任务 2

鸡尾酒调制训练

（一）以朗姆酒为基酒的鸡尾酒调制训练

1. 自由古巴（Cuba Liber）

材料：

　　兰姆酒 1 OZ

　　可乐 8 成满

制法：直接注入法

载杯：柯林杯

装饰物：柠檬 1/4（切成一块一块的）

【酒语】该款鸡尾酒味道浓厚，解渴开胃。作为古巴最有名的饮料，名字耐人寻味。酒中浸满了革命精神，宣扬的是自由、叛逆、理想、无畏。

2. 得其利（Daiquiri）

材料：

　　白朗姆酒 1.5 OZ

　　莱姆汁 0.5 OZ

　　糖水 0.5 OZ

制法：摇荡法

载杯：鸡尾酒杯

装饰物：无

【酒语】口感爽口，清热饮品。Daiquiri 是古巴一座矿山的名字，1898 年古巴独立后，很多美国人来到了 Daiquiri，他们把古巴特产朗姆酒、砂糖与莱姆汁混在一起作为消暑饮料，故名。

3. 蓝色夏威夷（Blue Hawaii）

材料：

　　白兰姆 1 OZ

　　蓝柑酒 1 OZ

　　凤梨汁 2 OZ

　　椰奶 1 OZ

　　7-UP 8 分满

制法:摇荡法

载杯:高脚杯

装饰物:柳橙片　红樱桃　凤梨角

【酒语】酒色为醒目的海水蓝,品尝起来酸苦清爽,别具热带风味。

4. X. Y. Z. Cocktail

材料:

  浅色朗姆酒 1/2 OZ

  橘橙酒 1/4 OZ

  柠檬汁 1/4 OZ

制法:摇荡法

载杯:鸡尾酒杯

装饰物:无

【酒语】这是一款由三种材料调和而成的鸡尾酒。通常的说法是:认识总是从颜色或 ABC 开始,本款酒恰恰与此相反。表示没有比这更高的阶段了。柔和的口味尤其受女性的喜欢,男性中也不乏其人。

(二)以龙舌兰酒为基酒的鸡尾酒调制训练

1. 特基拉日出(Tequila Sunrise)

材料:

  特基拉酒 1 OZ

  橙汁 5 OZ

  石榴糖浆 0.5 OZ

制法:直接注入法

载杯:可林杯

装饰物:橙片挂杯

【酒语】口味丰富,层次鲜明。这款鸡尾酒的颜色非常迷人,橙汁的黄色和石榴糖浆的深红色,自然匀染出的红黄渐变,就像墨西哥的日出一样醉人。曾经有人说过,特基拉日出,即使不喝也能让人微醉。

2. 玛格丽特(Margarita Cocktail)

材料:

  特基拉酒 1 OZ

  君度香甜酒 0.5 OZ

  鲜柠檬汁 1 OZ

制法:摇荡法

载杯:玛格丽特杯

装饰物:柠檬片挂杯　盐边

【酒语】酸、甜、苦、辣、咸,突出了人生五味的层次感。这款鸡尾酒是1949年全美鸡尾酒大赛的冠军,它的创造者是洛杉矶的简·杜雷萨,玛格丽特是他已故恋人的名字。盐是创作者失去恋人流下的眼泪,故本款鸡尾酒使用盐口作装饰。

(三)以白兰地为基酒的鸡尾酒调制训练

1. 粉色贵族(Noble Pink)

材料:

    Cognac1/2 OZ

    柠檬汁 1/4 OZ

    糖浆 1/2 OZ

    粉红香槟 8 成满

    冰块 5 粒

制法:摇荡法

载杯:郁金香杯

装饰物:无

【酒语】该款鸡尾酒酒精度中等,口感丰富。粉红香槟可称得上是香槟中的贵族,迷幻的色泽常让人遐想联翩,而协调的酸度更是给予酒体足够的支撑,更加突出了干邑过人的香气。

2. 燃烧的星期二(Burning Tuesday)

材料:

    白兰地 0.5 OZ

    百利奶油香甜酒 1/4 OZ

    151 酒 1/4 OZ

    (最后漂浮加入)

制法:漂浮法

载杯:利口酒杯

装饰物:火焰

【酒语】这款酒看上去呈乳白色,闻起来有浓浓的奶香,但是入口很烈。创作者认为周末后的星期一是疲劳的,只有到了星期二才能全身心地投入工作,所以这款酒取名为燃烧的星期二。

3. 尼克拉斯加(NIKOLASCHIKA)

材料:

    白兰地 1 OZ

    柠檬片 1 片

制法:直接注入法

载杯:利口杯

装饰物:砂糖　柠檬片

【酒语】这款酒非常好喝,通常作为餐后酒。传说因为末代沙皇尼古拉二世喜欢,所以得名。属于白兰地的 Straight 饮法,酒比较烈,所以建议不要喝太多。

(四)以威士忌为基酒的鸡尾酒调制训练

1. 漂浮威士忌(Floating Whiskey)

材料:

　　威士忌 1.5 OZ

　　冰矿泉水 8 成满

制法:直接注入法

载杯:可林杯

装饰物:无

【酒语】这是利用酒精与水比重不同而制作的鸡尾酒,因为威士忌酒会浮在矿泉水上面而得名。如同所有的爱情,漂浮在水面的纯威士忌带给饮者刺激的口感和浓烈酒精的诱惑,就像灼人的爱情一般;而饮过威士忌后便是爽口的冰水,仿佛激情过后回归平淡的生活。应了那句歌词:"最初的爱越像火焰,最后越会被风熄灭。"

2. 威士忌酸(Whiskey Sour)

材料:

　　威士忌 1.5 OZ

　　柠檬汁 0.5 OZ

　　苏打水 9 成满

制法:直接注入法

载杯:古典杯

装饰物:柠檬片　红樱桃

【酒语】口感辛辣、微酸;适合在餐前饮用。所谓"酸酒"的意思,即在基酒中加入柠檬汁以抑制甜味,增加酸味,喝起来别具风格。基酒除威士忌外,亦可以用白兰地、琴酒等取代。

3. 纽约(New York)

材料:

　　波旁威士忌 1.5 OZ

　　莱姆汁 0.5 OZ

　　红石榴糖浆 0.5 OZ

制法:摇荡法

载杯:鸡尾酒杯

装饰物:柳橙片

【酒语】本款鸡尾酒表现的是纽约的城市色彩,体现了五光十色的夜景,喷薄欲出的朝阳,落日余晖的晚霞。

4. 教父(God-Father)

材料:

苏格兰威士忌 1.5 OZ

杏仁甜酒 0.5 OZ

制法:直接注入法

载杯:古典杯

装饰物:无

【酒语】此款鸡尾酒与克鲍拉导演的著名美国黑帮影片《教父》同名,它是以意大利产杏仁甜酒为辅料调和而成。意大利杏仁甜酒的使用决定了此款鸡尾酒的味道。

（五）以金酒为基酒的鸡尾酒调制训练

1. 金汤力(Gin & Tonic)

材料:

金酒 1 OZ

汤力水 8 分满

冰块

制法:直接注入法

载杯:高飞对杯

装饰物:柠檬片

【酒语】简单的杯子,清澈的酒,喝起来却有意想不到的口感:清纯、苦涩、酸、辣,真的是百般滋味。因为散发着柠檬及金酒香气,所以深受女士喜欢。

2. 干马天尼(Dry Martini)

材料:

金酒 1.5 OZ

干味美思 1.5 OZ

制法:搅拌法

载杯:鸡尾酒杯

装饰物:牙签　盐水橄榄

【酒语】传统的标准鸡尾酒。007 詹姆斯·邦德让这款酒变得家喻户晓。强调烈酒和味美思的比率,号称鸡尾酒之王。比例可从 1∶1 到 6∶1 不等。酒度高,是餐前饮品,有开胃提神之效。

3. 红粉佳人（Pink Lady）

材料：

金酒 1 OZ

君度 0.5 OZ

红石榴糖浆 0.5 OZ

鸡蛋蛋清 0.5 个

柠檬汁 0.75 OZ

制法：摇荡法

载杯：鸡尾酒杯

装饰物：红樱桃挂杯

【酒语】这是 1912 年著名舞台剧《红粉佳人》在伦敦首演的庆功宴会上，献给女主角海则尔·多思的鸡尾酒。色泽艳丽，美味芬芳，酒度为中等，属酸甜类的餐前短饮，深受女性喜欢。

4. 蓝月亮（Blue Moon）

材料：

金酒 0.5 OZ

蓝香橙 1 OZ

雪碧适量

制法：摇荡法

载杯：鸡尾酒杯

装饰物：红樱桃　小雨伞

【酒语】色泽清爽、口感清淡。蓝月亮有"可远观不可亵玩"之意，衬托出女性的妖娆之美。

5. 新加坡司令（Singapore Sling）

材料：

琴酒 1 OZ

柠檬汁 3 OZ

红石榴糖浆 0.5 OZ

苏打水 8 分满

樱桃白兰地 0.5 OZ

（最后淋上）

制法：摇荡法

载杯：鸡尾酒杯

装饰物：穿叉柠檬片与红樱桃　吸管

【酒语】"斯林酒"又称"司令酒（Sling）"，是鸡尾酒的一种，是由白兰地、威士忌或杜松子酒制成的饮料,可加糖,通常还用柠檬调味。这款"新加坡司令"由新加坡著名的拉夫鲁斯饭店于1915年创制。

（六）以伏特加酒为基酒的鸡尾酒调制训练

1. 黑俄罗斯（Black Russian）

材料：

      伏特加 1 OZ

      咖啡酒 3/4 OZ

制法：直接注入法

载杯：古典杯

装饰物：无

【酒语】这种鸡尾酒以产自俄罗斯的伏特加为基酒,加上它的色泽而得名。味美芬芳,酒精浓度虽高,但却容易入口。饮后能增加精神,宜餐后与咖啡共进。

2. 螺丝刀/螺丝起子

材料：

      伏特加 1.5 OZ

      柳橙汁 8 成满

      冰块

制法：直接注入法

载杯：柯林杯

装饰物：柳橙片（挂杯）　调酒棒

【酒语】螺丝刀或称为螺丝起子,是一款杯中洋溢着柳橙汁香味的鸡尾酒。据说,螺丝刀这个名称来自美国的油矿工人,早期他们习惯用不离身的螺丝刀来打开罐装的橙子汁,然后还要用螺丝刀来搅动杯中的饮料。

3. 血腥玛丽（Bloody Mary）

材料：

      伏特加 1.5 OZ

      番茄汁 4 OZ

      辣椒酱 1/2 茶匙

      精盐 1/2 茶匙

      黑胡椒 1/2 茶匙

制法：直接注入法

载杯：老式杯（加冰块）

装饰物：西芹菜

【酒语】口感富有刺激性,增进食欲。鲜红的番茄汁看起来很像鲜血。以带叶的芹菜根代替吸管,象征健康饮料。"血腥玛丽"指16世纪中叶英格兰女王玛丽一世。她是一个可怕的女王,因为迫害新教徒,所以被冠以血腥玛丽的称号。本款鸡尾酒颜色血红,使人联想到当年的屠杀,故名。

4.神风特攻队(Kamikaze)

材料:

  伏特加 1.5 OZ

  白柑橘香甜酒 1 OZ

  莱姆汁 0.5 OZ

制法:直接注入法

载杯:古典杯

装饰物:柠檬片

【酒语】属于酒精味稍重的鸡尾酒。第二次世界大战后期,日军为了挽回失败的命运,组建了疯狂的自杀性的"神风特攻队"。到战争结束,共有千余名疯狂的神风敢死队队员丧命。本款酒借用神风特攻队的名字,彰显的是勇于牺牲的大无畏精神。

(七)以配制酒为基酒的鸡尾酒调制训练

1. B52 轰炸机(B52 Ingredients)

材料:

  咖啡力娇 0.25 OZ

  百利甜酒 0.25 OZ

  百加得 151 0.25 OZ

制法:分层法

载杯:子弹杯

装饰物:无

【酒语】B52是鸡尾酒中喝法比较独特的一种,要配上短吸管、餐巾纸和打火机。把酒点燃,点燃前必须温杯(用打火机在杯口烧一圈)用吸管一口气喝完,然后你就能体验到先冷后热那种冰火两重天的感觉。

2.青草蜢(Grasshopper)

材料:

  绿薄荷酒 0.75 OZ

  白可可酒 0.75 OZ

  鲜奶油 0.75 OZ

  冰块

制法:摇和法

载杯:鸡尾酒杯

装饰物:绿樱桃

【酒语】青草蜢色泽清爽,美味芬芳,有鲜乳的清新、薄荷的清香和可可酒的清甜,口感细腻爽适,酒度低,特别适合女士在夏季饮用。

3.普施咖啡(彩虹酒)(Pousse Cafe)

材料:

红石榴糖浆 1/7 OZ

绿薄荷酒 1/7 OZ

白可可酒 1/7 OZ

蓝橙利口酒 1/7 OZ

君度酒 1/7 OZ

白兰地 1/7 OZ

制法:分层法

载杯:子弹杯

装饰物:无

【酒语】普施咖啡是鸡尾酒的一种类型,也叫彩虹酒。因为酒的颜色很多,像彩虹一样美丽,所以得名。该款鸡尾酒是利用利口酒间的比重差异制作而成的。调制时最需注意的一点是,同一种利口酒或烈酒会因制造商的不同而使酒精度数或浓缩度不同,只要能掌握各种酒的比重数据,就能调出各种不同而漂亮的彩虹酒。该款鸡尾酒在很多酒吧都有,但是喝的人不多,因为味道太杂乱了,不过看上去非常好看,尤其是晚上。

(八)无酒精鸡尾酒调制训练

1.灰姑娘(Cinderella)

材料:

柠檬汁 1 OZ

凤梨汁 1 OZ

柳橙汁 1 OZ

石榴糖浆 1 滴

七喜汽水适量

制法:直接注入法

载杯:子弹杯

装饰物:红樱桃

【酒语】据说因为该"鸡尾酒"不含酒精,没了酒的刺激对于男人来说略显平淡,故名"灰姑娘"。是一种很甜的果汁混合饮料,浓浓的椰香,很受女孩子喜欢。果汁的黄,加上石榴糖浆的红,应该是橙色,再配上奶油的白,则形成了温暖的微红。学过画的人,即使没看过也能想象出它的暖昧色彩。

2. 秀兰邓波(Shirley Temple)

材料:

　　石榴糖浆 1 茶匙

　　干姜水适量

　　冰块

制法:直接注入法

载杯:高波杯

装饰物:柠檬片　樱桃

【酒语】该款鸡尾酒是以美国著名童星秀兰邓波尔名字命名。本款鸡尾酒毫无酒精,却有着清冽甘甜的口感,色彩有着夏天般的热情,让人觉得清透中有浓烈。

3. 红色阔边帽(Red Sombrero)

材料:

　　菠萝汁 1.5 OZ

　　橙汁 1.5 OZ

　　柠檬汁 1.5 OZ

　　石榴糖浆 1.5 OZ

　　姜汁汽水 1.5 OZ

制法:直接注入法

载杯:高杯、柯林杯

装饰物:柠檬　樱桃　吸管

【酒语】这款鸡尾酒的名字具有墨西哥风格,味道复杂,但以红石榴的甜味为主,口感极佳。

4. 美人鱼之歌(Mermaid's Song)

材料:

　　橙汁 2 OZ

　　椰汁 1 OZ

　　菠萝汁 1 OZ

　　柳橙汁 0.5 OZ

　　西番莲汁 1 OZ

制法:直接注入法

载杯:葡萄酒杯

装饰物:红樱桃

【酒语】椰汁给人以热带饮料的印象。这款鸡尾酒配方中使用了多种果汁,因此应划入热带饮料的种类。喝这款饮料,好像在倾听美人鱼唱歌。

知识拓展

经过国际调酒师协会的努力和各国调酒人士的不断创新和发展,目前见于各种专业鸡尾酒书籍的配方综合已达 3 000 多种,分属 30 多个类别。主要类别如下:

1. 亚历山大类(Alexander)

2. 开胃酒类(Aperitif)

3. 霸克类(Buck)

4. 可冷士类(Collins)

5. 库勒类(Cooler)

6. 鸡尾类(Cocktail)

7. 考比勒类(Cobbler)

8. 考比亚类(Cordial)

9. 杯类(Cup)

10. 戴可丽类(Daiquiri)

11. 戴兹类(Daisy)

12. 蛋诺类(Egg nog)

13. 费克斯类(Fix)

14. 费兹类(Fizz)

15. 漂漂类(Float)

16. 菲丽浦类(Flip)

17. 佛来佩类(Frappe)

18. 福赞类(Frozen)

19. 占列类(Gimlet)

20. 海波类(Highball)

21. 朱丽浦类(Julep)

22. 曼哈顿类(Manhattan)

23. 蜜思特类(Mist)

24. 古典类(Old-Fashioned)

25. 提神酒类(Pick-me-up)

26. 帕佛类(Puff)

27. 潘趣类(Punch)

28. 瑞奎类(Rickey)

29. 珊格瑞类(Sangaree)

30. 席拉布类(Shrub)

31. 司令类(Sling)

32. 酸酒类(Sour)

33. 四维索类(Swizzle)

34. 特迪类(Toddy)

35. 热饮类(Hot drink)

36. 攒明类(Zoom)

实训活动

（1）技能训练一：调制"清凉世界"

材料：

绿薄荷酒 1 OZ

雪碧或七喜 8 成满

制法：直接注入法

载杯：高飞球杯

装饰物：柠檬片挂杯　吸管

【酒语】色泽清爽、口感清淡、酒精度低，是一款全天候的清凉饮品。

（2）技能训练二：调制"轰炸机 B52"

材料：

甘露咖啡酒（大地）1/3 OZ

百利甜奶油酒（云）1/3 OZ

君度橙酒（40 ℃）1/3 OZ

制法：悬浮法

载杯：一口杯

装饰物：无

【酒语】轰炸机，又叫 B52，是一款历史悠久的鸡尾酒。先是香味，再是甜，最后是带点酒味的橙香。酒精度：约 30 ℃。B52 属美国空军史上炫耀的轰炸机型号，在越战时投下的炸弹至今仍令某些人记忆犹新。

（3）技能训练三：调制"长岛冰茶"

材料：

金酒 1/2 OZ

兰姆酒 1/2 OZ

特基拉 1/2 OZ

伏特加 1/2 OZ

君度 1/2 OZ

柠檬汁 3/4 OZ

可乐 9 分满

制法:摇荡法

载杯:柯林杯

装饰物:柠檬　吸管

【酒语】长岛冰茶(Long Island Iced Tea)虽取名冰茶,却是在没有使用红茶的情况下,调制出具有红茶色泽与口味的美味鸡尾酒。味道微辣却带有可乐与红茶的气味,适合餐后饮用。它绝对是毋庸置疑的烈酒。

附　录

鸡尾酒的命名规则

认识鸡尾酒的途径因人而异,但是若从其名称入手,不外乎一条捷径。

鸡尾酒的命名五花八门、千奇百怪,有植物名、动物名、人名等。而且,同一种鸡尾酒叫法可能不同;反之,名称相同,配方也可能不同。不管怎样,它的基本划分可分以下三类:一是以内容命名;二是以其调配后的味道命名;三是以颜色命名。另外,上述三类兼而有之的也不乏其例。

第一类以内容命名,就是还它本来面目。比如"威士忌兑水"就是威士忌与水混合而成。顾名思义,一目了然。所谓的 Whisky Float,主要就是威士忌+矿泉水。

第二类以味道命名,较难把握,如"酸味金酒"等可以一看便知。但是,若说到"曼哈顿""教父""锈铁钉"或"法国式接触"等就较难想象了,这也可能是当初酒商为推广新产品而设计的名称及其传说,沿袭久了,约定俗成。对此,无它法,见惯了就是。

第三类以颜色命名,占鸡尾酒的很大部分。它的基酒可以是"伏特加""金酒""威士忌"等,配以下列带色的溶液,像画家一样调出五颜六色的鸡尾酒。

初级调酒师 20 款鸡尾酒配方

1. 调酒配方 1

莫斯科之骡(Moscow Mule)

1 盎司伏特加酒

然后倒入姜汁啤酒（8分满）

2. 调酒配方2

完美的曼哈顿（Perfect Manhattan）

1 滴干味美思

1 滴甜味美思

2 盎司威士忌

3. 调酒配方3

完美的马丁尼（Perfect Martini）

1/4 盎司干味美思

1/4 甜味美思

1.5 盎司金酒

4. 调酒配方4

得其利（Daiquiri）

1 盎司白郎姆酒

2 盎司甜酸柠檬汁

5. 调酒配方5

白兰地亚历山大（Brandy Alexander）

1 盎司白兰地

1 盎司黑可可酒

1 盎司牛奶

6. 调酒配方6

红粉佳人（Pink Lady）

1 盎司金酒

1/2 盎司红石榴糖浆

1/2 个鸡蛋白

7. 调酒配方7

威士忌酸（Whisky Soer）

1/2 盎司柠檬汁

1/2 盎司浓糖水

1 盎司威士忌

8. 调酒配方8

罗布罗伊（Rob Roy）

1 滴甜味美思

2 盎司苏格兰威士忌

9. 调酒配方9

干曼哈顿（Dry Mahattan）

1 滴苦水

1/4 盎司干味美思

1 盎司威士忌

10. 调酒配方10

干马天尼（Dry Mantini）

3/4 盎司干味美思

2 盎司金酒

11. 调酒配方11

螺丝刀（Screw Driver）

1 盎司伏特加

注满橙汁

12. 调酒配方12

血腥玛丽（Bloody Mary）

1 盎司伏特加

番茄汁

李派林

辣椒汁

盐和白胡椒粉

柠檬汁

13. 调酒配方13

盐狗（Salty Dog）

1 盎司伏特加

注满西柚汁

14. 调酒配方14

凯尔（Kir）

1 盎司黑草莓酒

加入白葡萄酒至7分满

15. 调酒配方15

金巴克（Gin Buck）

1 盎司金酒

注满干姜汁汽水

16. 调酒配方 16

金汤力（Gin Tonic）

1 盎司金酒

注满汤力水

17. 调酒配方 17

威士忌苏打（Whisky Soda）

1 盎司威士忌

注满苏打水

18. 调酒配方 18

郎姆可乐（Rum Coke）

1 盎司白郎姆酒

注满可乐

19. 调酒配方 19

古巴自由（Cuba Libre）

1 盎司白郎姆酒

1/2 盎司鲜柠檬汁

注满可乐

20. 调酒配方 20

爱尔兰库勒（Irish Cooler）

1 个柠檬皮

2 盎司爱尔兰威士忌

注满苏打水

附录 3

鸡尾酒颜色使用技巧

1. 红色

最常见的是由石榴榨汁而成的石榴糖蜜、樱桃白兰地、草莓白兰地等。常用于红粉佳人、特基拉日出、新加坡司令等酒的调制。

2. 绿色

用的是薄荷酒,薄荷酒分绿色、透明色和红色三种,尤以绿色和透明色使用居多。常用于调制炸蜢、绿魔鬼、青龙、翠玉等鸡尾酒。

3. 蓝色

用的是透明宝石蓝的蓝色柑橘酒。常用于调制蓝色夏威夷、蓝天使、忧郁的星期一、青鸟、蓝尾巴苍蝇等酒。

4. 黑色

用各种咖啡酒,其中最常用的是一种叫甘露(也称卡鲁瓦)的墨西哥咖啡酒。其色浓黑如墨,味道极甜,带浓厚的咖啡味,专用于调配黑色的鸡尾酒,如黑色玛丽亚、黑杰克、黑俄罗斯等。

5. 褐色

可可酒,由可可豆及香草做成,由于欧美人对巧克力偏爱异常,配酒时常常大量使用,或用透明色淡的,或用褐色的,比如调制启兰地亚历山大、第五街、天使之吻等鸡尾酒。

6. 金色

用的是带茴香及香草味的加里安奴酒,或蛋黄、橙汁等。常用于金色凯迪拉克、金色的梦、金青蛙、旅途平安等酒的调制。

带色的酒多半具有独特的冲味。只知道调色而不知调味,可能调出一杯中看不中喝的手工艺品;反之,只重味道而不讲色泽,也可能成为一杯无人敢问津的杂色酒。此中分寸,需经耐心细致地摸索、实践来寻求,不可操之过急。

附录4

酒吧基础用语

1. Welcome to our bar.

欢迎光临我们的酒吧。

2. Nice to meet you again.

很高兴再次见到您。

3. Please wait a moment.

请稍等一下。

4. Is there anything I can do for you?

还有什么事需要为您效劳吗?

5. Thank you for your coming, Good-bye.

　　谢谢您的光临,再见。

6. Thank you, We don't accept tips.

　　谢谢您,我们不收小费。

7. Would you like to have cocktail or whisky on the rocks?

　　您要鸡尾酒还是要威士忌加冰?

8. Would you mind filling in this inquiry form?

　　请填一下这张意见表好吗?

9. Leave it to me.

　　让我来吧。

10. Please bring me a pot of hot coffee.

　　请给我一壶热咖啡。

11. Can you act as my interpreter?

　　你可以做我的翻译吗?

12. Do you honor this credit card?

　　你们接受这张信用卡吗?

13. Please give me a receipt.

　　请给我一张发票。

14. It is no sugar in the coffee.

　　咖啡里没有糖。

15. I'd like to see your manager.

　　我要见你们的经理。

16. Please give me another drink.

　　请给我另一份饮料。

17. Please page Mr. Li in the bar for me.

　　请叫一下在酒吧里的李先生。

18. Will you take charge of my baggage?

　　你可以替我保管一下行李吗?

19. Would you care for a glass of sherry with your soup?

　　在喝汤的时候是否要一杯雪利酒?

20. Your friends will be back very soon.

　　你的朋友很快会回来。

21. Have a nice trip home.

　　归途愉快。

22. Wish you a pleasant journey.

祝您旅途愉快。

23. Would you like me to call a taxi for you?

   要我为您叫出租车吗?

24. I'd suggest you take the one-day tour of Shanghai.

   我建议您参加上海一日游。

25. May I take you order?

   我能为您点菜吗?

26. There is a floor show in our lobby bar. Would you like to see it?

   大堂酒吧里有表演,您愿意去看吗?

27. Please feel free to tell us you have any request.

   请把您的要求告诉我们。

28. Miss Li is regarded as one of the best barmaid in the hotel.

   李小姐被认为是酒店里最好的女调酒师。

29. Here is the drink list, sir. Please take your time.

   先生,这是酒单,请慢慢看。

30. I do apologize. Is there any thing I can do for you?

   非常抱歉,还有什么可以为您效劳吗?

31. Mao Tai is much stronger than Shaoxing rice wine.

   茅台酒精度数要比绍兴黄酒高。

32. Mr. Tom has caught a cold. He asks the bartender for some aspirin tablets.

   汤姆先生患了感冒,他向调酒师要一些阿司匹林药片。

33. Snack bar usually serve fast food.

   小吃吧通常供应快餐。

34. We like Shaoxing rice wine because it tastes good.

   我们喜欢绍兴黄酒是因为它口味很好。

35. We have a bottle of wine that has been preserved for twenty years.

   我们有一瓶保存了20年的葡萄酒。

36. Yesterday he caught a cold, so he didn't go to work.

   昨天他感冒了,所以没去上班。

37. Hotel staff should handle guests complaint with patience.

   酒店员工必须耐心地对待客人的抱怨。

38. Since you stay at our hotel, you may sign the bill.

   从你入住我们的酒店后,你就可以签单。

39. "Bourbon on the rocks" is Bourbon whiskey on ice cubes.

   "Bourbon on the rocks"的意思是波本威士忌加冰块。

40. I'll return to take your order in a while.

   等一会我会回来为你点单。

41. The minimum charge for a 200 people cocktail receptions is 6,000 yuan, including drinks.

   200 人的鸡尾酒会最低价是 6 000 元,包括酒水。

42. The base of Old Fashioned cocktail is whiskey.

   古典鸡尾酒的基酒是威士忌。

43. Kahlua is a kind of liqueur.

   甘露咖啡酒是一种利口酒。

44. I hope that we will be meeting again soon.

   我希望我们不久会再见面。

45. What will you be doing at 7 tonight?

   今晚 7 点钟你们干什么?

46. He will be waiting for you in the lobby at seven.

   他今晚 7 点在大堂等您。

47. What are you going to do tomorrow morning?

   明天上午您打算干什么?

48. I'm not going to stay any longer. It's going to rain, isn't it?

   我不打算再多待下去,天好像要下雨,是吗?

49. If you don't mind, we can take care of your baggage for you.

   如果您不介意,我们可以为您看管行李。

50. Let me carry the suitcase for you, will you?

   让我为您提这只皮箱好吗?

51. What would you like to drink after dinner, coffee or tea?

   晚饭后您想喝咖啡还是喝茶?

52. How shall we get to Yu Yuan Garden, by bus or by taxi?

   去豫园公园该乘公共汽车还是出租车?

53. Your breakfast will be served in a short while.

   您的早餐要过一会儿才能送到。

54. It takes about 10 minutes to drive from the airport to our hotel.

   从机场到我们宾馆驱车大约要 10 分钟时间。

55. Please don't speak loudly in the lobby lounge, will you?

   请不要在大堂酒吧大声说话,好吗?

56. There's something wrong with my watch. Could you tell me where I can get it repaired?

我的手表坏了,请问上哪儿可以修理?

57. The children are too young to drink wine.

孩子太小还不能喝酒。

58. I tried to remove the wine stain in my coat with soup, but in vain.

我试着用肥皂洗去衣服上的酒渍,但是没有成功。

59. Would you like to have some Mao Tai? It never goes to the head.

您要喝点茅台吗? 这酒从不上头。

60. A bartender should know what to do and how to do it.

一个调酒师应该知道做什么和怎么做。

61. The bar is full now. Do you care to wait for about 20 minutes?

酒吧现在客满,请稍等约20分钟好吗?

62. Would you mind if I smoke?

你不介意我抽支烟吧?

63. Would you please tell me the exchange rate today?

请你告诉我今天的外汇兑换率好吗?

64. We serve many kinds of drinks. Please help yourself.

我们供应很多种饮料,请自便。

65. Would you please show me how to use chopsticks?

请你教我如何使用筷子好吗?

66. Would you mind opening the window by the table?

您不介意把餐桌一边的窗户打开吧?

67. How much do all these come to?

这些共计多少钱?

68. Frankly speaking, I don't like this wine.

老实说,我不喜欢这种酒。

69. I like my coffee very sweet, so does my wife.

我喜欢把咖啡冲得很甜,我夫人也是。

70. Can this wine really have been preserved for years?

这种酒真的是陈年葡萄酒吗?

附录 5

全国旅游院校饭店服务
技能大家（调酒）项目

一、调酒师（鸡尾酒调制）比赛规则和评分标准

（一）比赛内容

1. 规定鸡尾酒的调制。

2. 调酒方式为英式调酒。

（二）比赛要求

1. 选手必须佩戴参赛证提前进入比赛场地，裁判员统一口令"开始准备"进行准备，准备时间 2 分钟。准备就绪后，举手示意。

2. 选手在裁判员宣布"比赛开始"后开始操作。

3. 所有操作结束后，选手应回到操作台前，举手示意"比赛完毕"。

4. 物品落地每件扣 6 分，物品碰倒每件扣 4 分；倒酒时每洒一次扣 3 分。

5. 规定鸡尾酒的调制要求选手按该鸡尾酒的标准配方，在规定的时间内进行调制。

规定鸡尾酒的调制内容：

名称：五色彩虹酒

材料：红石榴糖浆、绿色薄荷酒、黑色樱桃白兰地、无色君度利口酒、棕色白兰地

制法：必须使用吧匙（Bar Spoon）调制，在利口酒杯内依次将上述原料缓慢注入即可。

要求：酒杯总容量约为 30 毫升。酒液量占酒杯八至九成满，间隔距离均等。

时间规定：5 分钟（包括操作时间、相关酒水及器具等的复位时间。提前完成不加分，每超过 30 秒扣 5 分，不足 30 秒为 30 秒计算，超时 1 分钟不予计分）。

（三）比赛物品准备

1. 操作台、规定鸡尾酒调制用的酒水由组委会提供。

2. 规定鸡尾酒调制用的用具，自创鸡尾酒调制用的酒水、用具、各类载杯及装饰物等物品均由选手自行准备（注：装饰物只能为原材料或半成品）。

（四）比赛评分标准

项　目	要求和评分标准	分值	扣分	得分
标准鸡尾酒调制（80 分）	严格按照规定配方调制鸡尾酒	10		
	下料程序正确（依次为：红石榴糖浆、绿色薄荷酒、黑色樱桃白兰地、无色君度利口酒、棕色白兰地）	10		
	调酒器具保持干净、整齐	15		

项　　目	要求和评分标准	分值	扣分	得分
标准鸡尾酒调制（80分）	酒水使用完毕,旋紧瓶盖,复归原位	10		
	调制后的鸡尾酒层次分明,瑰丽可人,占酒杯八至九成满	20		
	调酒操作姿态优美,手法干净卫生	15		
合　　计		80		
操作时间：　　分　　秒　　　　超时：　　扣分：　　分				
物品落地、物品碰倒、倒酒、洒酒　　件/次　　　　扣分：　　分				
实　际　得　分				

二、调酒准备用品

吧匙

黑樱桃色白兰地

红石榴糖浆

利口酒杯(规定鸡尾酒酒杯)

绿色薄荷酒

无色君度利口酒

棕色白兰地

三、调酒英语口语参考题

题型一:中译英

1. 等一会我会回来为你点单。（I'll return/be back to take your order in a while.）

2. "Bourbon on the rocks"的意思是波本威士忌加冰块。（"Bourbon on the rocks" is Bourbon whiskey with ice.）

3. 从你入住我们的酒店后,你就可以签单。（You may sign your bills any time when you stay in our hotel.）

4. 我们有一瓶保存了20年的葡萄酒。（We have a bottle of wine preserved for twenty years.）

5. 茅台酒精度数要比绍兴黄酒高。（Mao Tai is much stronger than Shaoxing rice wine.）

6. 先生,这是酒单,请慢慢看。（Here is the wine list, sir. Please take your time.）

7. 非常抱歉,还有什么可以为您效劳吗?（I do apologize. Is there anything I can do for you?）

8. 酒吧里有表演,您愿意去看吗?（There is a floor show in our pub. Would you like to watch it?）

9. 您要喝点茅台吗? 这酒从不上头。（Would you like to have some Mao Tai? It never goes to the head.）

10. 酒吧现在客满,请稍等约20分钟好吗?（The bar is full now. Do you care to wait for about 20 minutes?）

11. 我们供应很多种饮料,请自便。（We serve many kinds of drinks. Please help yourself.）

12. 您不介意把餐桌一边的窗户打开吧?（Would you mind opening the window by the table?）

13. 如果您不介意,我们可以为您看管行李。（If you don't mind, we can take care of your baggage.）

14. 我们有上好的饮品。（We have got good drinks.）

15. "绿岛"(鸡尾酒名)的口感相当好。（"Green Island" tastes very good/excellent.）

16. 本地啤酒很有特色。（Our special is the local beer.）

17. 这是米酒,用米酿制的。（They are rice wines, made from rice.）

18. 我们有些新制的鸡尾酒,如"白色美人""水立方""天堂鸟"等。（We have got some newly made cocktails, such as "White Beauty" "Water Cube" and "Bird Nest".）

19. "罗马假日"(鸡尾酒名)看上去不错。（"Holiday In Rome" looks nice.）

20. "红粉佳人"(鸡尾酒名)的味道有点儿甜. （"Pink Lady" tastes sweet.）

题型二:英译中

1. I'd like a glass of "Tree Shadow In Coconut Forest"（鸡尾酒名）.（我要一杯"椰林树

影"。)

2. "Summer Sunshine"（鸡尾酒名）would be nice.（来一杯"夏日阳光"。）

3. People like "Dance Of Bright Sun"（鸡尾酒名）very much.（大家都很喜欢"艳阳之舞"。）

4. "Star Of Good Fortune"（鸡尾酒名）sells well.（"幸运星"销路很好。）

5. "Setting Sun At Dusk"（鸡尾酒名）sounds very interesting.（"日落黄昏"听起来很有意思。）

6. Would you like a table near the bar or by the window?（你是坐在吧台旁还是坐在窗口旁?）

7. Here are some peanuts for free. Please enjoy them.（这是你的花生米,请免费享用。）

8. I'd like a glass of whiskey,straight up.（来一杯威士忌,纯喝。）

9. How about a "night cap"?（临睡前再来一杯,怎么样?）

10. Two ounces scotch on the rocks,please.（要一杯两盎司加冰的苏格兰酒。）

11. The name of "Bright Stars"（鸡尾酒名）is romantic.（"星光灿烂"的名字很浪漫。）

12. A glass of whiskey,half and half.（一杯威士忌,一半水,一半酒。）

13. How would you like your whiskey,with ice or without ice?（您的威士忌,加冰还是不加冰?）

14. Scotch over,please.（一杯加冰的苏格兰酒。）

15. "Love Story"（鸡尾酒名）and "Very Warm Kiss"（鸡尾酒名）are different from each other.（"爱情故事"和"烫热之吻"互不相同。）

16. Make it two,please.（再给我来一杯。）

17. Please bring me a pot of hot coffee.（请给我一壶热咖啡。）

18. Do you accept this credit card?（你们接受这张信用卡吗?）

19. Please page Mr. Li in the bar for me.（请叫一下在酒吧里的李先生。）

20. There is difference between "Burning Sun"（鸡尾酒名）and "Dance of Bright Sun"（鸡尾酒名）.（"烈日骄阳"和"艳阳之舞"之间有不同点。）

题型三:情景对话

1. What drinks do guests usually order after a meal?（After a meal,guests usually order Brandy or Liqueur. ）

2. What is champagne?（Champagne is a sparkling,dry,white wine originally from the region of Champagne. ）

3. What is cognac?（Cognac is a brandy distilled in the town of Cognac,France. ）

4. What is whiskey?（Whiskey is distilled alcoholic liquor made from grain,usually containing from 43 to 50 percent alcohol. ）

5. What does "V. S. O. P" mean?（"V. S. O. P" means V—very S—superior O—old

P—pale.)

6. Can you mention four major kinds of Cocktail? (They are Short Drink(短饮类),Long Drink(长饮类),On the Rock(洛克类)and Shooter(舒特类)).

7. Can you tell the four basic methods to make cocktail? (They are shake (摇和法),stir (调和法),build (兑合法) and blend (搅和法)).

8. What does "on the rocks" mean? ("on the rocks" means served over ice cubes,that is to say,putting the ice cubes into the glass,and then pouring the liquor on the ice.)

9. What kind of drink is cocktail? (The cocktail is a drink made by blending spirits together or adding condiments to a wine or more.)

10. What does "Dry" mean? (As for Wine,"Dry" means "not contain any sugar". As for Jin and Beer,"Dry" means "strong".)

参考文献

［1］王文君.酒水知识与酒吧经营管理［M］.北京:中国旅游出版社,2004.

［2］老祁.开家酒吧［M］.北京:中国宇航出版社,2005.

［3］陈昕.酒吧服务训练手册［M］.北京:旅游教育出版社,2006.

［4］陈忠良.酒吧操作手册［M］.广州:广东科技出版社,2006.

［5］贺正柏.酒水知识与酒吧管理［M］.北京:旅游教育出版社,2006.

［6］艾伦·盖奇.世界80家酒吧特色酒［M］.北京:中国轻工业出版社,2007.

［7］邹舟.酒吧经营管理之道［M］.北京:中国宇航出版社,2008.

［8］林德山.酒水知识与操作［M］.武汉:武汉理工大学出版社,2009.

［9］周敏慧,周媛媛.酒水知识与调酒［M］.北京:中国纺织出版社,2009.

［10］雅各布森,姚瑶,刘慧.酒吧之花［M］.西安:陕西师范大学出版社,2009.

［11］吴雪艳.调酒基本技能［M］.北京:中国劳动社会保障出版社,2009.

［12］徐明.新编酒水知识与调酒——新思维中职中专旅游精品教材［M］.广州:广东旅游出版社,2009.

［13］上海市职业培训研究发展中心.调酒师(五级)——指导手册［M］.北京:中国劳动社会保障出版社,2010.

［14］费寅,韦玉芳.酒水知识与调酒技术［M］.北京:机械工业出版社,2010.

［15］中国就业培训技术指导中心.调酒师(初级)——国家职业资格培训教程［M］.2版.北京:中国劳动社会保障出版社,2013.

［16］徐明.茶艺与调酒［M］.北京:旅游教育出版社,2013.